JN186767

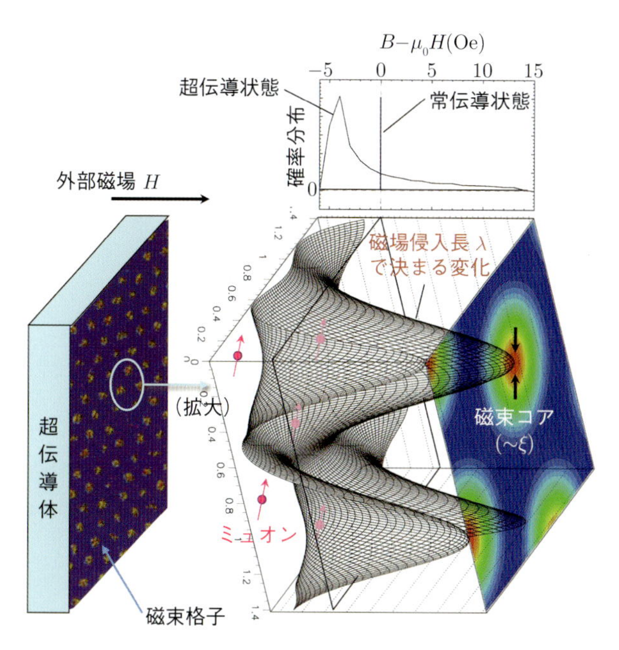

口絵 1　第 2 種超伝導体の磁束格子状態の概念図．右下は超伝導体内部の磁場分布 $B(r)$ を等高線で表したもの，右上はその密度分布関数 $n(B)$（本文 p.113，図 5.12 参照）．

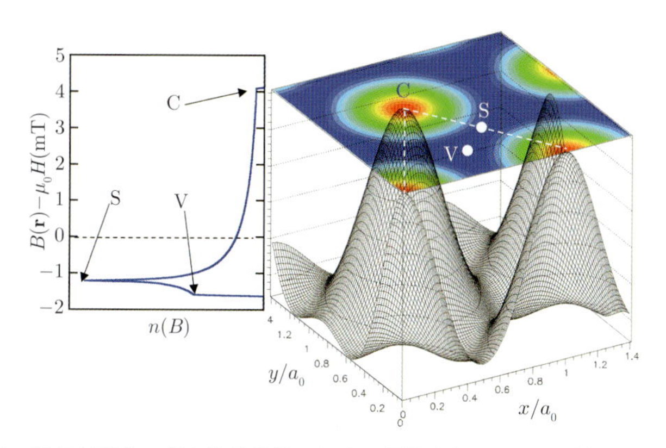

口絵 2　第 2 種超伝導体の磁束格子状態における磁場分布 $B(\mathbf{r})$ の計算例（$\lambda = 125$ nm, $\xi_v = 30$ nm，$H = 0.15$ T で，磁束間の距離 a_0 は 12.6 nm）．左側に $B(\mathbf{r})$ に対応する磁場密度分布関数 $n(B)$ を示す．ここで，C は磁束中心，S は $B(\mathbf{r})$ の鞍点，V は $B(\mathbf{r})$ の極小点で，それぞれ $n(B)$ の異なる磁場領域に対応することがわかる．ミュオンは $B(\mathbf{r})$ をランダムにサンプリングし，その回転周波数分布が $n(B)$ を与える（本文 p.121，図 5.17 参照）．

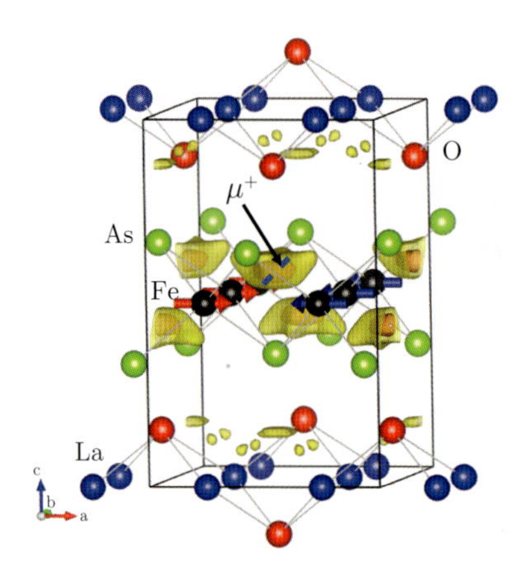

口絵 3　LaFeAsO 中でのミュオンサイト．電気陰性度が大きいヒ素原子に近い位置（黄色でハッチした部分）が静電ポテンシャルの極小となっている（本文 p.146，図 6.4 参照）．

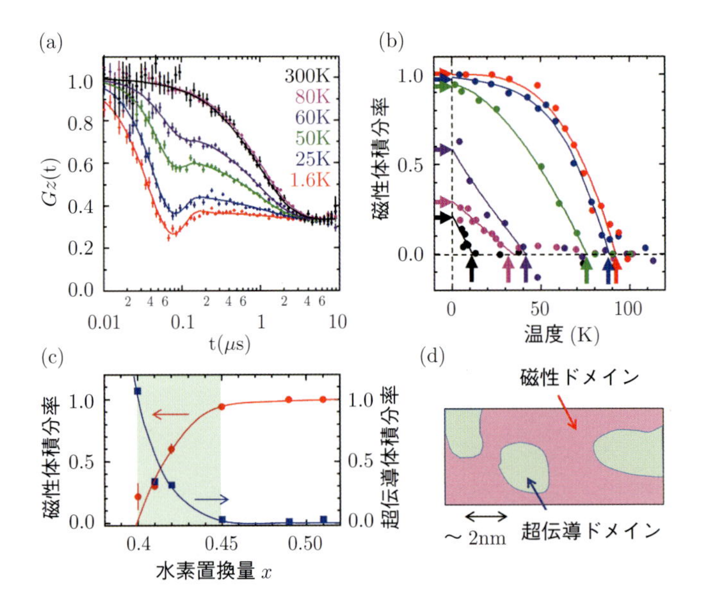

口絵 4　$LaFeAsO_{1-x}H_x$ についての μSR 測定で得られた結果．a) $x = 0.45$ の試料中でのゼロ磁場 μSR 時間スペクトル $G_z(t)$ の温度依存性．b) 速い減衰回転を示す信号の相対比として求められる磁性体積分率の温度依存性．c) 磁性および超伝導体積分率の x 依存性．μSR の結果から想像されるメゾスコピックな相分離の様子（文献 [68, 71] より）（本文 p.153，図 6.8 参照）．

Frontiers in Physics 10

ミュオンスピン回転法

謎の粒子ミュオンが拓く物質科学

門野良典［著］

基本法則から読み解く**物理学最前線**

須藤彰三
岡　　真［監修］

10

共立出版

刊行の言葉

近年の物理学は著しく発展しています．私たちの住む宇宙の歴史と構造の解明も進んできました．また，私たちの身近にある最先端の科学技術の多くは物理学によって基礎づけられています．このように，人類に夢を与え，社会の基盤を支えている最先端の物理学の研究内容は，高校・大学で学んだ物理の知識だけではすぐには理解できないのではないでしょうか．

そこで本シリーズでは，大学初年度で学ぶ程度の物理の知識をもとに，基本法則から始めて，物理概念の発展を追いながら最新の研究成果を読み解きます．それぞれのテーマは研究成果が生まれる現場に立ち会って，新しい概念を創りだした最前線の研究者が丁寧に解説しています．日本語で書かれているので，初学者にも読みやすくなっています．

はじめに，この研究で何を知りたいのかを明確に示してあります．つまり，執筆した研究者の興味，研究を行った動機，そして目的が書いてあります．そこには，発展の鍵となる新しい概念や実験技術があります．次に，基本法則から最前線の研究に至るまでの考え方の発展過程を“飛び石”のように各ステップを提示して，研究の流れがわかるようにしました．読者は，自分の学んだ基礎知識と結び付けながら研究の発展過程を追うことができます．それを基に，テーマとなっている研究内容を紹介しています．最後に，この研究がどのような人類の夢につながっていく可能性があるかをまとめています．

私たちは，一歩一歩丁寧に概念を理解していけば，誰でも最前線の研究を理解することができると考えています．このシリーズは，大学入学から間もない学生には，「いま学んでいることがどのように発展していくのか？」という問いへの答えを示します．さらに，大学で基礎を学んだ大学院生・社会人には，「自分の興味や知識を発展して，最前線の研究テーマにおける“自然のしくみ”を理解するにはどのようにしたらよいのか？」という問いにも答えると考えます．

物理の世界は奥が深く，また楽しいものです。読者の皆さまも本シリーズを通じてぜひ，その深遠なる世界を楽しんでください．

須藤彰三
岡　真

まえがき

本書は，物質世界を探索する手法の 1 つであるミュオンスピン回転法（Muon Spin Rotation, ミュオンを表すギリシャ文字 μ を用いて μSR と略称）を，初学者にわかりやすく紹介することを目的として用意されたもので，日本語によるモノグラフとしては初めての試みである．ではなぜ今，μSR の入門書なのか？

μSR という手法は，粒子が持つスピンという自由度を通して物質を眺めるという点で核磁気共鳴（NMR）や電子スピン共鳴とよく似ている．また，その研究対象が大変幅広い専門分野にわたり，いろいろな応用の可能性があるという点でも両者と共通している．一方で，実験には高エネルギー粒子加速器から取り出される短寿命素粒子であるミュオンを必要とするため，これまでのところ μSR を利用できる機会は限られており，残念ながらその有用性が広く知られているとは言い難い状況であった．しかしながら，茨城県東海村で 2008 年から稼働し始めた J-PARC 物質生命科学実験施設では，ミュオン利用施設も徐々に整備され，近年ようやく幅広い研究者のニーズに応えられる状況になりつつある．これが上記の疑問に対する第 1 の理由である．

とはいえ，この入門書を用意するに至った動機はもっと深いところにある．というのも，過去およそ 40 年にわたり μSR が有効に活用されてきた分野として，大きくは (1) ミュオンを「プローブ（探針）」として使う磁性や超伝導にかかわる研究，および (2) 物質中の水素の存在状態をシミュレートする「擬水素（水素同位体）」としてのミュオンの研究という分野が挙げられるが，これら 2 つの分野の研究者にはお互いの関心に共通するところが少ないこともあり，いまだに両者の間では μSR を真に有効な手法として発展させるために必要な知識の共有・連携がうまくいっているとは言い難い状況にある．それゆえ，英語のものも含め，従来の類書ではどちらかといえば執筆者がそれぞれの専門分野に近い研究における μSR の適用例を解説することを中心にしたスタイルが主流だったが，結果として「プローブ」としての理解と「擬水素」としての理解が乖離しがちで，特に初学者にとっては消化不良を起こしやすい状況であった．

そこで，本書ではこの両者をふたたび有機的につなぐことを試みるとともに，μSR という手法を「基本法則から読み解く」上で必要とされる幅広い知識について，実際のミュオン利用実験における時系列の 3 段階に従ってこれらを構成しなおし，順を追って提示することで手法そのものについての入門書としての役割をも担うことを意図したものである．プローブとしてのミュオンと水素同位体としてのミュオンを統合的に理解することで，初学者のみならず，すでに μSR を使ったことがある読者にも，ミュオンという窓を通して新たな物質世界が見えてくることを期待したい．

なお，本書の成立にあたっては，監修の須藤彰三先生から内容，構成について大変有益な助言を頂いたことを，また共立出版の島田誠氏には長期間にわたり辛抱強くお付き合い頂いたことを特に記し，この場を借りて深く感謝申し上げます．

2016 年 8 月　　門野良典

目　次

第1章　はじめに **1**

第2章　素粒子としてのミュオン **7**

2.1　素粒子物理学における標準理論とミュオン 7
2.2　弱い相互作用における空間反転対称性の破れ 13
2.3　ミュオンの基本的性質 20
2.4　ミュオンスピン偏極の測定 25

第3章　ミュオンビームの発生と輸送 **38**

3.1　相対論的運動学 38
3.2　核反応によるパイ中間子およびミュオンの生成 42
3.3　陽子加速器の種類とミュオンビームの時間構造 44
3.4　ミュオンビームの取り出し 46
3.5　ミュオンビームと物質の相互作用 51
3.6　ミュオンビームと放射線損傷 55
3.7　ミュオンビーム冷却 57

第4章　物質中に停止直後のミュオンの状態 **59**

4.1　結晶格子とミュオンの相互作用 60
4.2　金属中のミュオン 61

4.3 半導体・イオン結晶中のミュオン 68
4.4 遷移金属酸化物中のミュオン 71
4.5 ミュオンと水素結合 74
4.6 分子性結晶中のミュオン 78

第5章 ミュオンスピン回転 81

5.1 スピン偏極の時間発展：一般論 82
5.2 核スピンとの相互作用 89
5.3 電子スピンとの相互作用 100
5.4 超伝導体中のミュオン 110
5.5 ミュオニウム 125

第6章 μSR で見た鉄系超伝導体の磁性と超伝導 140

6.1 鉄系超伝導物質の面白さ 140
6.2 $CaFe_{1-x}Co_xAsF$ の島状超伝導 143
6.3 $LaFeAsO_{1-x}H_x$ で見出された第2の反強磁性相 150
6.4 まとめと展望 156

第7章 おわりに 158

参考文献 165

索 引 171

第1章 はじめに

この「基本法則から読み解く 物理学最前線」シリーズでは，現代物理学の各専門分野それぞれにおける最先端の研究トピックスを紹介するにあたり，大学学部における教科書レベルの基礎的な知識から一歩ずつ説き起こして読者を真の理解へと導くことを目指している．ここでいう研究トピックスとは，通常例えば「高温超伝導」，「ヒッグス粒子」といった特定の研究対象を指しているわけだが，本書ではそのような研究対象ではなく，「ミュオンスピン回転法 (Muon Spin Rotation, μSR)」という研究手法の最先端を紹介しようという点で，本シリーズのなかでも異色な一冊ではないだろうか．

私たちの身の周りにある物質世界は，わずかコップ一杯ほどの体積中に 10^{23}～10^{24} 個という膨大な数の原子・分子が集まることで構成されている．私たちはふだん，身近にある物質がこのような「原子・分子の凝集体」であることを意識することなく，銅やアルミといった金属が電気を流し，あるいは水晶やガラスが光を透過する，といった性質を経験的に知っている．これら目に見える性質は「巨視的な物性」と呼ばれるが，物質世界を体系的に理解しようとする場合，この巨視的な性質に注目し，それぞれの性質がどのようなメカニズムで現れるかを，量子力学をはじめとした物理学の手法を使って原子レベルから解き明かす，というのが通常のやり方である．

一方で，特に実験科学としての物質科学を学ぶ別の切り口として，実験研究の手段・手法に着目し，それらを使ってどのような情報を引き出すことができるか，という視点から物質科学を眺めてみることも，この分野の理解にとって有効だと思われる．特に，新しい研究手法を前にして誰もが思うのは，それで一体何がわかるのか（どう使えるのか）という疑問であり，その意味では手法そのものがトピックス性を持っているとも言えるだろう．

本書の目的は，ずばり「μSR による研究で一体何がわかるのか？」という素朴な疑問に答えよう，というものである．

実は筆者がミュオン（muon, ミュー粒子）という素粒子に関わり始めた1980年代，ミュオンは依然としてもっぱら素粒子・原子核物理学の研究対象であり，物性研究の手法としてのμSRはまだ「海のものとも山のものともつかぬもの」であった．そもそもミュオンに出会ったのも，原子核物理学を専攻するつもりで進学した研究室がたまたまミュオンを研究対象の1つにしていたからである．そこで筆者に与えられたのが銅の中に注入された正ミュオン(μ^+)の拡散運動を調べる，という課題だった．その背景にあったのは「金属中の水素」という問題である．これは水素吸蔵合金や水素脆性などの材料科学も関係する広くて深いテーマであるが，当該分野の専門家は早くから水素の軽い放射性同位体としてのミュオンに注目し，さまざまな金属中でのミュオンの振る舞いを研究していた．なぜなら，水素が入りにくい銅などの金属中でその振る舞いを調べる高感度な代替手法として期待されたことに加え，質量が陽子の約9分の1と軽いゆえに，拡散運動などの動的な性質については大きな同位体効果が予想される，という基礎物理学的な興味もあったからである．

銅のような単純金属の結晶中に入れられたミュオンは，金属イオンの隙間から隙間へと格子間を熱的に励起されたホッピング運動により拡散していくことがすでに知られていたが，驚くべきことに当時の最新研究では，ある温度以下で低温になるほどミュオンの拡散が速くなるらしいことが示唆されていた．これを知った筆者は，「低温ほど高速に拡散する」という現象そのもの（量子力学的トンネル効果によることから後に「量子拡散」と呼ばれるようになる）に強く惹きつけられると同時に，ミュオンを入れて，そのスピン偏極度の時間変化を見るだけでどうしてそのようなことがわかるのか，さらにはミュオンが観測する内部磁場の分布や揺らぎは何を意味するのか，といったμSRの原理的側面にも大いに興味を持つようになった．

本書では，このような初学者の視点から見た研究手法としてのμSRの魅力を紹介しようと思う．とはいうものの，μSRをその基本から理解するためには，素粒子物理から物性物理まで幅広い基礎知識が必要となる．具体的には，それらは大きく3つのカテゴリーに分けられるであろう．

放射線（量子ビーム）としてのミュオン

まずその1は，不安定な素粒子であるミュオンの生成から始まり，ミュオンが自然崩壊して消滅に至るまでを支配している「弱い相互作用」についての知識，また実際にミュオンをスピン偏極したビームとして取り出し，それを調べたい物質中に注入，ミュオンが崩壊して放出される高エネルギーのベータ線（電子あるいは陽電子）を観測する，といった一連の実験で必要とされる，放射線と物質の相互作用に関する知識（放射線物理），および放射線計測の知識である．

物質科学でよく用いられる量子ビームといえば，エックス線と中性子がその代表であろう．これらは主に回折現象を利用して，物質が持つ周期的な原子構造や電子の状態を観測する．そこでは1つひとつの原子に散乱されたエックス線や中性子が「波」として相互に干渉し，ある特定の方向で強めあい，あるいは打ち消しあうことで生じる強度の空間分布（ブラッグピーク）から原子の配列やその状態についての情報を引き出す．したがって，これらのビームは散乱後に再度試料の外に出てこなければ信号にならない．一方，μSR の場合には事情はまったく逆で，ミュオンは内部磁場の探り針として対象物質の中に注入・停止させる必要がある（観測するのはミュオンの自然崩壊に伴うベータ線であって，ミュオンそのものではない）．この違いは，それぞれの量子ビームが物質をどのように見ているかの違いにも直結している．つまり，放射線ビームとしてのミュオンと物質との関係は，エックス線・中性子とは大きく異なるのである．

物質中のミュオンの存在状態

次に必要とされるのは，物質中に注入されたミュオンが，停止した直後にどのような状態を取り得るか，という知識である．ここでのキーワードは2つ，結晶の「格子間位置」にある「軽い陽子/水素原子」としてのミュオンである．

物質に注入されたミュオンは，対象物質にとっては「異物」である．物質科学では通常このようなものを格子欠陥，不純物という否定的な名称で呼び，ない方がよいものという暗黙の了解の下に扱われていることが多い．しかしながら，実際のところ欠陥や不純物が一切ない理想的な物質などというものはこの世に存在しない．それどころか，物質の示す性質は往々にしてこのような「異物」によって大きく左右されるのが現実である．

先に触れた金属中の水素の研究をはじめ，物質科学においては欠陥中心，不純物としての水素が重要な役割を果たすと考えられる問題が数多く存在する．にもかかわらず，水素，特に少量の水素ほど捉えにくい元素もない．ミュオンはそのような問題において高感度の水素シミュレーターとしての役割を果たすことができる．言い換えれば，物質中でのミュオンがどのような形で存在しているかを知ることは，同じ境遇にある水素の状態を調べることに対応する，という意味でミュオンの存在状態そのものが興味ある研究対象なのである．

ここで少し横道に逸れるが，水素を対象とした研究においてミュオンがエックス線や中性子といった他の量子ビームに比べて有利な点を明らかにしておこう．まず，エックス線の散乱強度は原子に束縛されている電子の数（=原子番号）に比例するが，これはあらゆる元素の中で水素が最も見えにくいことを意味する．実際のところ，物質中に数パーセントしかないような水素をエックス線で捉えることは極めて困難である．その点，ミュオンは「放射性」同位体であり，透過力のあるベータ線によるトレーサーレベルの感度を誇る．つまり「微量の水素（孤立水素）」の状態を知る強力な手がかりとなり得るのである．

一方，陽子と中性子がほぼ同じ質量を持つことなどから，中性子散乱こそは水素に敏感な手法であるとも言われているが，実は2つの問題を抱えている．1つは中性子が陽子から強い非干渉性散乱を受けるため，回折法で水素の状態を研究しようとする場合には，多くの場合あらかじめ水素を重水素に置換しておく必要があるという点である．つまり，実際には重水素を水素のシミュレーターとして用いなければならない．もう1つは，陽子が伴っている電子の状態，すなわち水素原子としての電子状態（荷電状態：H^+，H^0，H^-）についての情報が得られない点である．これらの問題のうち前者，すなわち同位体を使わなければならない点ではミュオンも同じだが，ミュオンが電子を束縛して中性水素のような状態（Mu^0，ミュオニウムと呼ばれる）を作ると，$1s$軌道上の電子から特有の内部磁場を受ける（これを超微細相互作用 hyperfine interaction と呼ぶ）ため，たちどころに Mu^+ の状態と区別がつく．さらに，Mu^+ と Mu^- の違いについては，外部から印加した磁場とミュオンが実際に感じている磁場が軌道電子の有無によって異なること（いわゆる化学シフト）から区別可能である．このように，ミュオンの取る電子状態を調べることで「水素の電子状態」を知ることができるのである．

ミュオンが捉える内部磁場の分布と揺らぎ

さて，3番目として必要な知識体系は，ミュオンスピンがどのような機構で周辺の原子・分子と相互作用し，統計平均としてのスピン偏極度がそれに伴ってどのように時間変化していくかについての理解と知識である．実は，直前に触れた「電子からの大きな内部磁場」はここでのキーワードでもある．

一般に粒子が持つ角運動量という自由度に注目した場合，その回転運動を支配するのは磁場と電場勾配である．角運動量の量子数が1以上の粒子は電気四重極能率を持つことができ，磁場，電場勾配いずれとも相互作用するが，ミュオンはスピン角運動量が 1/2 の粒子であり，磁場とのみ相互作用をする．したがって，物質中に止まったミュオンスピン（磁気双極子モーメント）が運動する原因が内部磁場である点に曖昧さはない．しかしながら，内部磁場そのものの起源はさまざまである．大雑把には周りにある原子核が持つ磁気双極子モーメントと電子が持つ磁気双極子モーメントが主なプレーヤーだが，後者には対象物質の物性が直接関わってくる．我々は，前項の知識に基づいて対象物質中で予想されるミュオンの存在状態を考え，その物質の電子状態から予想されるミュオン位置での内部磁場分布や揺らぎに基づいて，ミュオンスピン偏極の時間変化を予測することができる．したがって，これと実際に観測されるスピン偏極の振る舞いを比較することによって，μSR を電子状態のミクロな探針として活用することが可能になる．

本書の構成

ところで，これら 3 つの知識体系を上記の順に並べると，ちょうど μSR 実験に際して生起することがらの時系列，すなわちミュオンの (1) ビーム生成と試料への照射，(2) 停止・終状態の実現，そして (3) スピン偏極の時間変化の観測，という 3 段階に対応している．そこで，本書では以下のような構成を取ることとした．

まず，第 2 章においては素粒子物理の基本法則である標準理論という広い文脈のなかでミュオンという素粒子の性質を概観し，そのなかでも特に μSR にとって重要な性質である弱い相互作用におけるパリティ（空間反転対称性）の破れについて詳述する．さらに，パリティの破れの直接的な現れであるミュオンのスピン偏極について，放射線計測としての具体的な測定方法を概説する．引き続く各章では μSR 実験の時系列に従って上記 3 つの知識を順番に俯瞰することとし，まず第 3 章ではミュオンビームの発生から始まって物質中にミュオンが静止するまでの過程，すなわち高い運動エネルギーを持ったミュオンが熱エネルギー程度にまで減速される様子を概観する．ついで第 4 章では，静止した直後のミュオンが物質中でどのような終状態にあるかについて詳しく学ぶ．この章はまた，物質中でミュオンが示す多彩な姿についての，これまでの研究のレビューにもなっている．ミュオンは仮想的な探針のようなものではなく，陽子（あるいは水素）の軽い同位体原子として，また外から持ち込まれた異物（格子欠陥）として周りの原子と相互作用するので，ミュオンが取る状態を微視的に理解することは，μSR で得られる情報をより正確に解釈する上で重要である．第

5章では μSR の手法としての核心部分，すなわちミュオンスピン偏極の時間変化（時間スペクトル）から何を読み取るかについて，それを支配するミュオンスピンと物質中の原子との相互作用の微視的なメカニズムに立ち返って詳述する．ここで得られる情報は，ミュオン自身が対象物質中でどのような停止状態にあるかによっても大きく左右される，という点で第4章とも密接に絡み合っていることにあらかじめ注意を促しておきたい．そして，第6章ではいよいよ μSR を応用した最前線の研究として鉄系超伝導物質の研究を紹介する．2008年に東工大・細野秀雄教授の研究グループによって鉄系超伝導体が発見されてからかなりの時が経過したが，この物質群が示す物性は原子の持つスピン・軌道・電荷・格子すべての自由度が絡む多彩なもので，いまなお多くの研究者の興味を引きつけている．本書では著者が関わった研究を中心に，μSR という窓を通してみた鉄系超伝導物質の面白さをお伝えできればと思う．最後に，第7章では第2章のような広い文脈に立ち戻って物質科学の意味を論じることで本書の締めくくりとした．

ミュオンに限らず，放射光エックス線や中性子といった加速器からのビームを前提とした手法は，いわば「飛び道具」にも例えられる最先端の計測技術だが，大学の一研究室でも利用可能な比熱，磁化，電気抵抗測定といった巨視的性質を測る実験手法と比べると大掛かりで，必ずしも日常的に使えるというものではない．しかしながら，これらは原子スケールでの情報を直接的かつ高精度でもたらすという点で極めて強力であり，このような手法を1つでも自在に使いこなすことができれば，将来より深いレベルで物質の性質や機能を理解する上で大いに役立つだろう．

第2章 素粒子としてのミュオン

2.1 素粒子物理学における標準理論とミュオン

2013年のノーベル物理学賞が，素粒子物理学の発展に大きく貢献した2人の理論物理学者，ピーター・ヒッグスとフランソワ・アングレールの両氏に贈られたことはいまだ記憶に新しい．素粒子物理学では，現在知られているすべての**素粒子**とそれらの間の**相互作用**を統一的に説明する「標準理論」という理論的枠組み（標準模型とも呼ばれる）が1970年代までに構築されたが，この枠組みにおいて「弱い力」（後述）を媒介する粒子が持つ巨大な質量の起源を説明する「ヒッグス機構」と呼ばれる理論は，彼らによって1964年に提唱されていたものだった．その後，このヒッグス機構によって予言される「ヒッグス粒子」の探索が長年続けられた結果，最近になってようやくそれとおぼしき粒子が発見され，2人の受賞となった[1]．

これから本書で取り上げるミュオンも，実はこの標準理論で「基本粒子」と呼ばれる素粒子の1つである．その基本的な性質を知っておくことはミュオンスピン回転法の原理を理解する上で極めて重要であるだけでなく，標準理論へのとっかかりとしても大いに役に立つだろう．ちょうどよい機会なので，本書ではまずこの標準理論というものの基本を理解することから始めよう．

標準理論の骨格

標準理論は，物質を構成する基本粒子と，それらの間に働く相互作用のモデルから構成される．前者はすべて一定の質量，電荷，およびスピン角運動量1/2を持ち，それらがフェルミ統計に従う粒子であることからフェルミオン (fermion) と呼ばれる（表2.1を参照）．地上に安定に存在する物質は陽子 (p^+)，中性子 (n)，

---

1) 詳しくは，例えば本シリーズ第7巻，「LHCの物理」を参照．

および電子 (e^-) から構成されており，これらがいずれもスピン 1/2 のフェルミオンであることは読者もご存知だろう．陽子と中性子（まとめて核子 [nucleon] とも呼ぶ）についてはそれぞれアップクォーク (up-quark) およびダウンクォーク (down-quark) という 2 種類のフェルミオンが 3 個で組みになった複合体であることがすでに知られており，今日ではクォークの方が基本粒子と考えられている．

一方，粒子間の相互作用（＝粒子間に働く力）として知られているものは，我々になじみの電磁力と重力以外に「強い力」，および「弱い力」があり，標準理論ではこれらのうち重力以外の 3 つの力を整合的に説明することに成功している．もちろん，すべての相互作用は量子力学の枠組みのなかで量子化された「場」として記述されるので，そこでは相互作用は直感的な「遠隔力」ではなく，相互作用を媒介する「粒子」が主役になる．強い力，電磁力，弱い力を媒介する粒子はいずれもスピン角運動量 1 を持つボゾン（boson，すなわちボーズ統計に従う）であり，それぞれグルーオン (gluon)，フォトン（photon，光子），ウィークボゾン (weak boson) と呼ばれる（表 2.2 参照）．ちなみに，強い力とは核子中で 3 つのクォークを結びつけている力であり，弱い力とは核子のベータ崩壊，例えば中性子が電子とニュートリノ (neutrino) を放出して陽子に転換する，という過程を引き起こす力である．ニュートリノは弱い力しか感じない中性粒子で，質量も極めて小さいため大変捕まえにくい存在である．

表 2.1　標準理論において物質を構成する基本粒子．すべてスピン 1/2 のフェルミオンである．レプトンの 2 つの荷電状態はそれぞれ粒子 (–) と反粒子 (+) に対応する．クォークは分数電荷を持つが，それ自身は「強い相互作用」が持つ閉じ込め機構のために単体では存在できず，例えば u,u,d という 3 つのクォークが複合した陽子となって，初めて安定に存在できる．ニュートリノやクォークにも反粒子が存在するが，この表では省略した．

世代	第 1 世代		第 2 世代		第 3 世代	
レプトン	e	ν_e	μ	ν_μ	τ	ν_τ
質量 (MeV/c^2)	0.511	$\sim$0	105.66	$\sim$0	1776.84	$\sim$0
電荷 (e)	±1	0	±1	0	±1	0
クォーク	u	d	c	s	t	b
質量 (MeV/c^2)	1.7-3.1	4.1-5.7	$\sim$1290	$\sim$100	$\sim173\times10^3$	$\sim$4190
電荷 (e)	$+\frac{2}{3}$	$-\frac{1}{3}$	$+\frac{2}{3}$	$-\frac{1}{3}$	$+\frac{2}{3}$	$-\frac{1}{3}$

表 2.2 標準理論において力を媒介する粒子．すべてスピン 1 のボゾンである．いずれの粒子もゲージ対称性という性質を持つことからゲージボゾンとも呼ばれる．グルーオンは「カラー（色荷）」という量子数を持ち，その値により 8 種類存在する．グルーオン，フォトンが質量ゼロの粒子であるのに対し，3 種類あるウィークボゾンはすべて大きな質量を持ち，これを説明するために導入されたのがゲージボゾンとヒッグス場の相互作用による「ヒッグス機構」である．

相互作用（力）	強い力	電磁力	弱い力	
力を媒介する粒子	グルーオン	フォトン	ウィークボゾン	
記号	g	γ	$\mathrm{W}^{\pm}$	Z^0
質量 (MeV/c^2)	0	0	80.39×10^3	91.188×10^3
電荷 (e)	0	0	± 1	0

ヒッグス粒子とは

実のところ，標準理論といってもその内実はいくつかの理論を矛盾なくつなぎ合わせたものであり，強い力は「量子色力学 (quantum chromodynamics, QCD)」という理論で，電磁力と弱い力は「電弱理論 (electroweak theory)」という統一的な理論で記述される．さらに，電弱相互作用が現実世界で電磁力と弱い力の 2 つに分かれていることを説明するために導入されたのがヒッグス機構 (Higgs mechanism) と呼ばれる理論である．

ヒッグス機構とは，端的にいえば粒子に質量を持たせる機構で，もともとは質量ゼロであったはずの電弱相互作用を媒介する 4 つのボゾンが，大きな質量を持つ成分（したがって，極めて近距離でしか力が働かない＝「弱い」力を媒介）と質量ゼロのままの成分（光子＝電磁力を媒介）に分かれて存在するための機構として導入・仮定された理論である．ただし，この仮定が正しいとすると，すでに知られている粒子に加えてヒッグス機構から予言されるもう 1 つの未知の重い粒子＝ヒッグス粒子が存在するはずで，いわばパズルの最後のピースとして長年探索が行われていたのだった．そして，ヨーロッパ合同原子核研究所 (CERN) の大規模加速器実験でそれと思われる素粒子が見つかったことが 2013 年に報告されたことから，この理論の提唱者のノーベル賞受賞となったわけである．

ヒッグス粒子はスピン角運動量 0 の粒子と予想されることからヒッグスボゾンとも呼ばれているが，以上からも推測されるように力を媒介するボゾンとはまったく別種の粒子であり，ましてや物質を構成するフェルミオンでもなく，いわば第 3 の粒子と言えるだろう．その意味でも，ヒッグス粒子が見つかった意義は大きい．

世代構造の謎

いずれにせよ，地上の物質を構成する核子と電子に，それらとほとんど相互作用しないニュートリノを加えた安定な粒子（表2.1で第1世代と呼ばれる）だけで世界が成り立っていれば話はもっと簡単なのだが，実際には有限の寿命でのみ存在できる基本粒子がいくつも存在している．その1つがミュオン (μ) で，正または負の電荷を持ち，重さが電子の206.7倍，平均寿命が約2.2マイクロ秒である．ミュオンの16.8倍とさらに一桁重い粒子としてタウオン (τ) も知られており，それぞれに対応してニュートリノにも電子ニュートリノ (ν_{e})，ミュー・ニュートリノ (ν_{μ})，タウ・ニュートリノ (ν_{τ}) の3種類あることがわかっている．これら6つの粒子は（質量と寿命の違いを除き）同じ性質を示すことから，レプトン (lepton) と呼ばれる1つのグループに属している（レプトンとはもともと軽い粒子という意味）．

では，これら第2，第3世代のレプトンやクォークはなぜこの世に存在しているのであろうか？残念ながら，標準理論はこの問いに対する答えを持っていない．例えば核子がクォークから構成されているように，もしも電子がより基本的な粒子の「複合体」として内部自由度を持っていれば，それに伴う離散的な励起スペクトルに対応した質量の異なる（しかも有限の寿命を持つ）状態を取り得るので，それがあたかも「世代」のように見える可能性もあるだろう．だが，残念ながらいくら高精度の顕微鏡（高エネルギー加速器）で調べても，いまのところ電子は大きさのない「点」にしか見えないのである．電子よりも何桁も重いミュオンやタウオンにも，内部構造があるような兆候は何1つない．つまり，本書の主役であるミュオンという素粒子は，実はその存在自体が謎なのだ．

世代を表す量子数「フレーバー」

ところで，ミュオン自身は1930年代に宇宙由来の放射線（宇宙線と呼ばれる）の主要な成分の1つとして発見されたが，実はその少し前に同じ宇宙線の観測から正の電荷を持つ電子，すなわち陽電子 (e^{+}) が発見されている．陽電子は人類が初めて目にした「反物質」で，電子と出会うと2つの粒子の合計の質量に相当するエネルギーの光（ガンマ線）となって消滅する．ミュオンやタウオンは電荷によらず有限の寿命しか持たないが，電子との対応から負電荷の粒子に対して正電荷を持つミュオン，タウオンがやはり反粒子と定義されている．電気的に中性なニュートリノについても対になった「反ニュートリノ」($\overline{\nu}$) が存在す

ることが実験的にも確かめられている．例えば，正ミュオンが崩壊する過程は

$$\mu^+ \rightarrow e^+ + \nu_e + \overline{\nu}_\mu \tag{2.1}$$

と書かれ，ミュオンが陽電子と2つのニュートリノに崩壊するが，このとき放出されるミュー・ニュートリノ ($\overline{\nu}_\mu$) は反ニュートリノである（このように，電気的に中性な粒子の反粒子を表記する場合には粒子の記号に上線を付記する）．

ニュートリノは弱い相互作用しかしないため大変捉えにくいことは前にも触れたが，それではミュオンの崩壊過程でそのような粒子が2個も放出されていることをどうやって確かめるのだろうか？答えは簡単で，ニュートリノがエネルギーや運動量を持ち去ることを考えればわかる．もしも式 (2.1) の過程でニュートリノが1個しか放出されなかったとすると，この過程は2体崩壊

$$\mu^+ \rightarrow e^+ + \nu \tag{2.2}$$

となる．この場合，エネルギーと運動量の保存則から，崩壊して出てくる陽電子のエネルギーは（陽電子とニュートリノの質量をゼロとすると）ちょうどミュオンの静止質量をエネルギーに換算した値の半分，$E_0 = m_\mu c^2/2 = 52.8$ MeV という単一の値しか持ち得ない．ところが，実際に陽電子のエネルギー E を測ってみると，E_0 を最大値として低エネルギー側に広く分布したエネルギースペクトルを持っていることがわかり，これと相対性理論も考慮した運動学的な予想との比較から3体崩壊であることが導かれる（詳しくは2.3節を参照）．

それでは，2つのニュートリノが持つ世代の違いや粒子・反粒子の別をどうやって知るのか？レプトンの世代（種類）を区別する量子数はレプトン・フレーバー (lepton flavor) と呼ばれるが，実は3種類の荷電レプトンはお互いに混じり合わない，という実験事実が知られている．これはレプトン・フレーバーが物理的な保存量でもあることを意味し，これから崩壊で生成されるニュートリノのフレーバーも容易に推定できるのである．

ここでレプトン・フレーバーの状態を表す量子数を $\mathbf{L} = (L_e, L_\mu, L_\tau)$ と定義しよう．$L_\alpha (\alpha = e, \mu, \tau)$ はそれぞれの粒子のフレーバーに対して1，反粒子に対して -1 の値を取る（粒子が存在しないときは0）．フレーバーが混じり合わないということは，弱い相互作用ではこのベクトル量に対して非対角な成分を持たないことを意味する．式 (2.1) では，崩壊前の状態は正ミュオンのみが存在しているので $\mathbf{L} = \mathbf{L}(\mu^+) = (0, -1, 0)$ である．崩壊で生成される荷電粒子は陽

電子のみ $[\mathbf{L}(\mathrm{e}^+) = (-1,0,0)]$ だが，これと電子ニュートリノ $[\mathbf{L}(\nu_\mathrm{e}) = (1,0,0)]$ が対になることで全体の電子フレーバーはゼロになることがわかる．一方，もう 1 つのニュートリノは必然的に正ミュオンと同じ $\mathbf{L}(\overline{\nu}_\mu) = (0,-1,0)$ を持つ粒子でなければ

$$\mathbf{L}(\mu^+) = \mathbf{L}(\mathrm{e}^+ + \nu_\mathrm{e} + \overline{\nu}_\mu)$$

という保存則を満たさないことから，それが反ミュー・ニュートリノであることが推定されるというわけである．

原子核のベータ崩壊

ところで，これと類似のことがやはり弱い相互作用によって引き起こされる原子核（中性子）のベータ崩壊

$$\mathrm{n} \to \mathrm{p}^+ + \mathrm{e}^- + \overline{\nu}_\mathrm{e} \tag{2.3}$$

でも起きている．この場合，崩壊によって生成する荷電粒子（つまり観測にかかる粒子）は 2 個であるが，もしもニュートリノを伴っていなければこの過程は 2 体崩壊 $(\mathrm{n} \to \mathrm{p}^+ + \mathrm{e}^-)$ と見なされ，しかも陽子に比べれば電子の重さはその約 1800 分の 1 と圧倒的に軽いので，電子は崩壊前後の全質量差から決まる単一の運動エネルギー（これを Q 値と呼ぶ）を持って飛び出してくるはずである．しかしながら，実際に例えば炭素 14 から窒素 14 への崩壊 $^{14}\mathrm{C} \to {}^{14}\mathrm{N}+\mathrm{e}^-$ で放出されるベータ線のエネルギーを測ってみると，図 2.1 に示すようにその値は

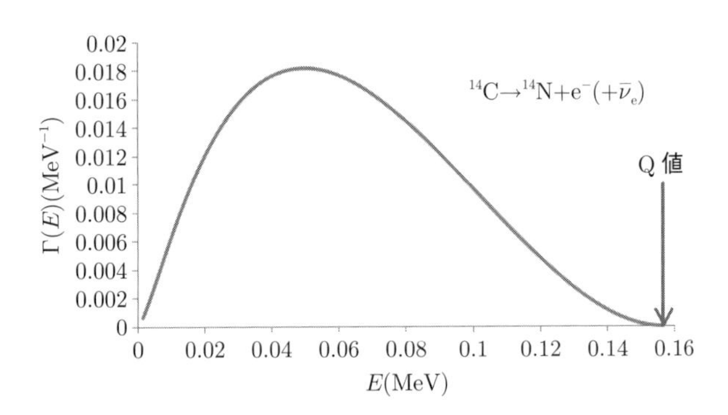

図 2.1　炭素 14 のベータ崩壊で放出されるベータ線（電子）のエネルギースペクトル．右端の矢印は電子だけが放出された場合に期待される電子のエネルギー（Q 値）を示す．曲線 $\Gamma(E)$ は実際に観測される電子のエネルギー分布．

ゼロから Q 値までの間で連続して分布している．これは，20 世紀はじめにアルファ線，ベータ線，ガンマ線という 3 種類の放射線が見つかって以来，ベータ線のみが持つ不可解な性質としてしばらくの間，物理学者を大いに悩ませた問題であった．あのニールス・ボーアをして「核のベータ崩壊ではエネルギー保存則が成り立っていないのではないか」と疑わせたほどだったことが知られている．この問題を正しく解決へと導いたのがパウリのニュートリノ仮説だったことは言うまでもない．もちろん，当時レプトンの世代構造という概念はなく，式 (2.3) に示されるようにベータ崩壊に伴って放出されるニュートリノが実は反電子ニュートリノであることをパウリは知る由もないわけだが，今から見ればエネルギーの保存のみならず，崩壊の前後におけるフレーバー保存の要請からも，観測にかからないニュートリノの存在は推定されることがわかるだろう．さらには，ベータ崩壊の後でもすべての粒子についての $\mathbf{L}$ の和はゼロでなければならないという要請から，この崩壊で生成されるニュートリノは電子と逆符号のフレーバーを持つ反電子ニュートリノであることが知れるのである．

これらの例からもわかるように，「保存則」は物理学における最も強力な道具であり，未知の現象に出会ったときにそれを正しく理解するために不可欠な拠り所である．

2.2　弱い相互作用における空間反転対称性の破れ

オズマ問題

突然だが，読者は地球外生命の存在を信じているだろうか？古くは SF に登場する火星人から始まり，太陽系の外，あるいは銀河系外の遠く離れた別の銀河にも我々の太陽系と同じような恒星・惑星系が存在し，さらにはそこに人類と同じように知性を持つ生命体が存在するかもしれない，という可能性は多くの人々の想像力をかき立ててきた．実際，米国では 1960 年から電波を用いてそのような地球外知的生命を探索する試みが始まり，「オズマ計画」と呼ばれていた．ちなみに計画名の由来は，児童文学として有名な『オズの魔法使い』シリーズの中に登場し，想像上の遠い国「オズ」と電波で連絡を取り合おうとするオズマ姫にちなんだものである．

米国の著名な科学ジャーナリストであるマーティン・ガードナーは，その著書「The Ambidextrous Universe（1964，邦訳：「自然界における右と左」）の

「オズマ問題」と題した章において，そのような地球外の知的生命体に対して我々の世界における「右」と「左」の意味をどのようにして正確に伝えるか，という問題を提起した．ここで重要な条件は，太陽系外といった遠方にいる知的生命体とのコミュニケーション手段は電波による信号のやり取りに限られるので，両者が同時に同じ画像を見たりすることができない，という点である．したがって，例えば何か左右を説明するための（左右非対称な）画像を電波に載せて地球外生命体に送ることができたとしても，受け取った側がその信号から画像を（左右も含めて）正しく復元する条件をあらかじめ伝えることができない，という問題を抱えている．

結局のところ，ここで提起された問題は，「我々の住む宇宙を支配する基本的な物理法則のなかで，左右の対称性を破っているような法則は存在するか？」と言い換えることができる（もちろん，いくら遠方とはいえ地球外生命体の住んでいる世界も同じ物理法則に従っているであろうことは大前提だが）．そのような物理法則があれば，その法則に従って起きる物理現象を観測してもらい，観測結果に現れる空間的非対称性の向きから左右の定義を伝えることができるわけである．

そして，その答えとなったのが弱い相互作用における空間反転（パリティ）対称性の破れである．だが，我々は少し先回りし過ぎたようだ．まずは空間における左右とは何かから考えてみよう．

カイラリティ

我々の住む世界において，右と左の区別はそもそもどこから来るのだろうか？最も身近な我々自身の右左の掌（てのひら）を考えてみよう（図2.2）．これらはお互いに鏡に映した形になっている一方，鏡映像は元の形と重ならない関係にある．このような形を持つものは，自分自身が左右非対称であることも含め，左右の区別をつけることができる．つまり，左右の区別の有無とは鏡映対称性の有無とも言い換えられる．

一般に，鏡映対称性を持たない状態を英語ではカイラル（chiral，またはキラル）と言い，またそのような性質をカイラリティ（キラリティ）と呼ぶ．これらの言葉はもともと掌を意味するギリシャ語に由来していることもあるので，以後カイラリティで区別される2つの系を「右手系」と「左手系」と呼ぶことにしよう．

3次元空間の鏡が2次元の平面であることを考えると，平面内に収まる形は

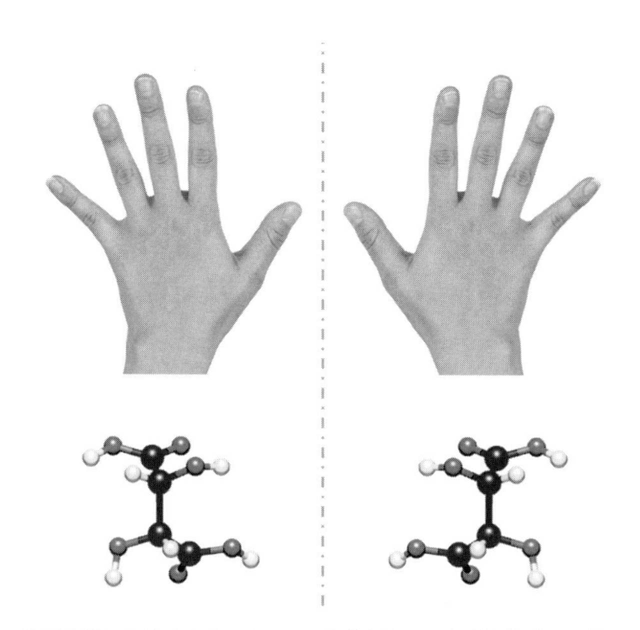

図 2.2 3 次元空間におけるカイラリティの定義としての右手と左手．下段は不斉炭素を持つ分子の典型例である酒石酸 ($C_4H_6O_6$) の分子構造．左側が L 体，右側が D 体と呼ばれる．

(その面について鏡映対称なので) 我々の住む 3 次元世界ではカイラリティを持たないことがわかる．つまり，カイラリティは 3 次元の形・構造だけに依存するので，自然界のさまざまな階層に現れる．

ミクロな階層でよく知られている例としては，カイラルな立体構造を持つ一群の有機化合物がある．その多くは炭素原子が持つ 4 本の結合軸にそれぞれ異なる原子あるいは分子が結合することでカイラリティを獲得する．化学の世界ではこのような炭素を不斉中心，あるいはキラル中心と呼ぶ．

それでは，前述の「オズマ問題」の答えとして，例えばこれらのカイラルな分子を使えないだろうか？答えはノーである．なぜなら，自然界では右手系，左手系それぞれに属する分子が等分に存在するからである．

アミノ酸や糖といった生命活動にとって重要な化合物の多くはカイラリティを持ち，それらは右手系か左手系かによって生理活性が大きく異なるので，化学の世界では一方の（有用な）カイラリティを持つ分子を選択的に合成（＝不斉合成）する手法が長年にわたって研究されてきた．しかし，そのような手法も結局のところ合成のタネになる不斉分子を用意する必要があり，タネ分子の右手系あるいは左手系をどう定義するかは人間次第，つまりオズマ問題の解決にはならないことがわかる．

カイラリティと運動

もう1つの身近なカイラリティの例は，右ねじと左ねじである．この例でも2つのねじがお互いに鏡像関係にある点では掌と同じである．しかしながら，右（左）ねじが「ねじを右（左）に回せば前進する」という運動の方向（時間反転対称性）と関係するという意味で，我々にとってはより重要である．前項で触れたカイラルな分子を区別する際に使われるのが旋光性と呼ばれる性質であるが，これも「光の伝搬」という運動に関係する性質である．

よく知られているように，光はその進行方向に垂直な面内に振動する電場 $\mathbf{E}(t)$ からなり，光の進行方向を z とすると，$\mathbf{E}$ の振動方向は xy 面内の任意の方向を向くことができる．一般に自然光では $\mathbf{E}$ の振動方向がバラバラだが，反射や屈折によってある特定方向，例えば y 方向の振動が減衰すると，$\mathbf{E}$ が x 方向に揃った光が得られる．このような光は直線偏光を持つと呼ばれる．

直線偏光を持つ光 $\mathbf{E}$ は，時間とともに面内で進行方向に向かって右または左回りに回転しながら振動する2つの電場の重ね合わせとしても記述できる．このような偏光方向の回転を伴う光を円偏光と呼ぶが，これはいわば光がカイラリティを持った状態に相当し，円偏光の左右はねじの左右に対応する．光の振動を複素電場で表すと，例えば x 方向に直線偏光している場合，この状態は2つの円偏光 $\mathbf{E}^{\pm} = Ee^{i(kz \pm \omega t)}$ の和，$\mathbf{E} = (\mathbf{E}^{+} + \mathbf{E}^{-})/2$ で表される（ここで $k = 2\pi/\lambda$，λ は光の波長）．カイラリティを持つ分子の旋光性は，これら2つの円偏光に対し屈折率 $n^{\pm}$ が同じでないことから生じる[2)]．屈折率は媒質中の光速度に反比例するので，これは円偏光の左右によって媒質中の波長が異なって見えることに対応することがわかる．

図2.2に例として示した酒石酸では，D体とL体という2つの立体構造が異なる分子が存在し，D体（L体）は左（右）旋性を示すことが知られている[3)]．ちなみに，酒石酸塩の1つである酒石酸ナトリウムアンモニウムは，パスツールにより光学異性体の存在が初めて明らかにされた物質として知られている．パ

2) これに対し，2つの円偏光に対して吸収係数が異なる場合，このような性質を円二色性 (circular dichroism) と呼ぶ．

3) この例からもわかるように，DL記法における右 (D)・左 (L) の定義は構造に由来し，光学活性における旋光性の左右とは必ずしも対応しないので注意．

スツールは，ワインの発酵過程で微生物により産生される酒石酸塩が旋光性を持つ一方で，人工合成された同じ物質が旋光性を示さないこと，さらに後者では結晶の形が鏡映非対称な 2 種類からなることに気づいた．そこでこれら 2 種類の結晶を手で根気よく選別し，それぞれが異なる旋光性を示すことを初めて実証するとともに，その起源が酒石酸分子の鏡映非対称な立体構造からくることを正しく見抜いていた．

この例が典型的に示すように，ある 3 次元構造がカイラリティを持つとしても，自然法則に左右の区別がなければ右手系・左手系は等分に存在する．酒石酸を合成する化学反応を支配する法則にも左右の区別はなく，人工合成された酒石酸は D 体・L 体を等分に含む．このような場合，対応する法則は空間反転対称性を保っていると言われる．微生物による合成，あるいは不斉合成で一見パリティ対称性が破れているように見えるわけは，右手系，あるいは左手系どちらかの分子をタネにして，一方の合成を他方に比べて促進しているからである．

パイ中間子の自然崩壊

それでは，弱い相互作用におけるパリティ対称性の破れとはどういうものなのか？話を具体的にするために，正電荷を持つパイ中間子 (pion) の崩壊過程

$$\pi^+ \ \to \mu^+ + \nu_\mu \tag{2.4}$$

を考えよう．簡単のために π^+ は静止しているとする．そもそも空間反転対称性が保たれるとは，空間座標 $\mathbf{r}$ に依存する物理量 $f(\mathbf{r})$ が，空間反転を起こす座標変換

$$\mathbf{r} \to -\mathbf{r} \tag{2.5}$$

において不変であること，すなわち

$$f(-\mathbf{r}) = f(\mathbf{r}) \tag{2.6}$$

であることを意味する [4]．π^+ の崩壊過程では，生成する μ^+ や ν_μ の運動量 $\mathbf{p}$ が空間座標に依存しており，この量自体はもちろん上記の座標変換に対して符

[4] ここで，空間反転操作は 3 次元ベクトルすべての成分について $(x, y, z) \to (-x, -y, -z)$ と符号を入れ替えるが，前述の鏡映反転では 1 つの成分のみ（例えば $(x, y, z) \to (-x, y, z)$）であることに注意．反転操作の偶奇性（パリティ）という点では両者は等価である．

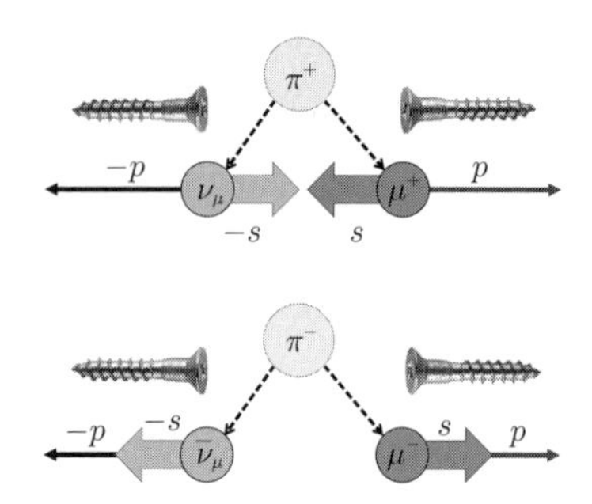

図 **2.3**　弱い相互作用によるパイ中間子の自然崩壊．$\mathbf{p}$ は運動量，$\boldsymbol{s}$ はスピンを表すベクトル．ミュー・ニュートリノ (ν_μ) は運動量方向と逆向きのスピン，反ミュー・ニュートリノ ($\overline{\nu}_\mu$) は運動量方向のスピンを持っているものしか生成しないので，崩壊前後の角運動量の保存からミュオンもそれぞれの方向にスピン偏極する（前者を右ネジ，後者を左ネジで表した）．

号を変える．一方，μ^+，ν_μ いずれもスピン 1/2 を持っており，その向き $\mathbf{s}$ によって空間のある特定方向を指定できる．元の π^+ がスピン 0 の粒子で空間的に何の異方性も持たない以上，弱い相互作用において空間反転対称性が保たれるのであれば，$\mathbf{p}$ を持って放出される μ^+ の空間分布 $N(\mathbf{p};\mathbf{s})$ は $\mathbf{s}$ の向きによらず，$N(-\mathbf{p};\mathbf{s}) = N(\mathbf{p};\mathbf{s})$，すなわち空間反転に対して変化しないはずである．

ところが，実際にはどうなっているかというと，μ^+ のスピン $\mathbf{s}$ は運動量と完全に反平行になっている．すなわち

$$\mathbf{p}\cdot\mathbf{s} = -1 \tag{2.7}$$

という関係を満たす μ^+ のみが生成放出されている．ちなみに，スピンの向きを「回転（巻き）の向き」と言い換えれば，この量 $\mathbf{p}\cdot\mathbf{s}$ は進行方向に対して粒子がどちら向きにどの程度「巻いている」かを表す量であり，ヘリシティ (helicity) と呼ばれている．定義から明らかなように，ヘリシティは空間反転に対して符号を変える．この状況をネジに例えれば，ヘリシティが −1 とは 100%左巻き，つまり π^+ の崩壊過程では完全に左巻きの μ^+ しか生成されないことを意味する．この状況を示したのが図 2.3 である．

弱い相互作用の本質

冒頭でも触れたように，現在では弱い相互作用はウィークボゾンという重い素粒子によって媒介されていることが知られている．例えば π^+ の崩壊では，π^+ が 2 つのクォーク（u と $\overline{\mathrm{d}}$）の束縛状態と見なされることから，

$$\mathrm{u} + \overline{\mathrm{d}} \to \mathrm{W}^+ \to \mu^+ + \nu_\mu \tag{2.8}$$

と，u クォークと $\overline{\mathrm{d}}$ 反クォークが対消滅して W^+ というウィークボゾンに転換し，これがレプトン対に崩壊すると理解されている．これは，例えば電子とその反粒子である陽電子が対消滅してガンマ線（光子）に転換するのと類似の過程である．ちなみに，（実際に実験条件を満たすことは不可能に近いが）もし μ^+ と ν_μ のビームを用意し，π^+ を生成できるような衝突条件を満たすことができれば，上記の逆反応も起こり得る．つまり，ウィークボゾンはクォークとレプトンに結合し，両者の間の相互作用を媒介する粒子なのである．

では，π^+ の崩壊で生成されるニュートリノが左巻きのものしか存在しない，とはどういうことだろうか？これは結局のところ，W^+ ボゾンが左巻きのニュートリノとしか結合しない，ということを意味している．同様に，W^- ボゾンは右巻きの反ニュートリノとしか結合せず，要するに弱い相互作用を媒介するウィークボゾンは完全に左右非対称な相互作用をしているわけである．だが，これは最初の疑問に対する答えというよりは，それを単に言い換えたに過ぎない．なぜなら最初の疑問とは結局「なぜ $W^\pm$ ボゾンのレプトンとの結合では空間反転対称性が破れているのか？」ということだからである．素粒子物理学はこれに答えなければならないのだが，残念ながら今もって謎のままである．

ここまで来ると，もっと興味深い問題として「右巻きのニュートリノや左巻きの反ニュートリノはこの世に存在しないのか？」という疑問に思い至る．これらのニュートリノは，仮に存在しているとしても我々の世界を構成する物質とは相互作用をしない（つまりその存在を感知できない）．なぜならニュートリノは弱い相互作用しかせず，しかも我々が知っている弱い相互作用は左巻きのニュートリノ（あるいは右巻きの反ニュートリノ）しか相手にしないからである．

ここで重要になってくるのがニュートリノの質量である．ニュートリノに質量があればニュートリノはヘリシティの固有状態ではあり得ず，右巻きと左巻き（運動方向に向かってスピンが平行あるいは反平行）の状態は相互に入れ替わり得る．なぜなら，有限の質量を持つ粒子は光速よりも遅い速度でしか運動できず，ある座標系で左巻きに見えるニュートリノも光速で並走する座標系から見ると（ニュートリノは後退運動しているので）右巻きになってしまうからである．過去十数年にわたる研究の結果，どうやらニュートリノが有限の質量を持つことは確実になっている[5]．というわけで，右巻きのニュートリノや左巻きの反ニュートリノが存在できない理由はなさそうである．

さらには，ニュートリノがわずかでも質量を持つとすると，それが宇宙のスケールで大量に存在する場合，今まで無視していた重力を通して我々の世界と相互作用することができるかもしれない．実際，これらの我々に見えないニュートリノはかつて今話題の「暗黒物質」の候補の 1 つと考えられたこともあった．

だが，どうやら我々は少々脱線が過ぎたようだ．話をミュオンに戻すことにしよう．

2.3　ミュオンの基本的性質

ミュオンの崩壊

ミュオンは正負いずれかの電荷を持ち，式 (2.1) で示したように弱い相互作用により平均寿命約 2.2μs（マイクロ秒）で電子（または陽電子）と 2 つのニュートリノにベータ崩壊する．確認のためにもう一度崩壊過程を示すと，

$$
\begin{aligned}
\mu^+ &\to \mathrm{e}^+ + \nu_\mathrm{e} + \overline{\nu}_\mu \\
\mu^- &\to \mathrm{e}^- + \overline{\nu}_\mathrm{e} + \nu_\mu
\end{aligned}
\tag{2.9}
$$

となる．

原子核のベータ崩壊の例でも明らかなように，このような 3 体崩壊の過程では，観測される $\mathrm{e}^\pm$ のエネルギー E は連続的な分布を取る．その最大値は（ミュオンの質量 m_μ に比べてニュートリノのそれを無視すると）近似的に

$$
E_\mathrm{max} \simeq \frac{(m_\mu^2 + m_\mathrm{e}^2)c^2}{2m_\mu} - m_\mathrm{e}c^2 = 52.32\ \mathrm{MeV} \tag{2.10}
$$

と表すことができる．さらに，$x = E/E_\mathrm{max}$ と定義すると，$\mathrm{e}^\pm$ のエネルギー，および空間密度分布（スペクトル）は近似的に

$$
\frac{d^2N}{dx\,d\cos\theta} \simeq x^2\{(3-3x) + \frac{2}{3}\rho(4x-3) + \mathrm{sgn}(\mu)P_\mu\xi\cos\theta[(1-x) + \frac{2}{3}\delta(4x-3)]\}
$$

[5] ニュートリノに質量があり，なおかつ質量の固有状態とフレーバー（世代）の固有状態が一致していない場合，ニュートリノが運動の途中でそのフレーバーを変える「ニュートリノ振動」と呼ばれる現象が予想されていたが，これまでの実験研究でそのような振動現象が確認され，2015 年のノーベル物理学賞の対象となった．詳細は例えば本シリーズ第 6 巻，「ニュートリノ物理」を参照．

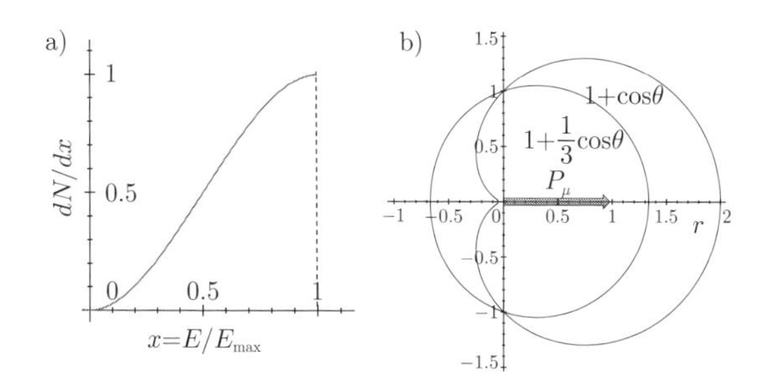

図 **2.4** 正ミュオンの崩壊で放出される陽電子の a) エネルギー分布（$d\cos\theta$ で積分），および b) 角度分布．負ミュオンの場合にはミュオンの偏極方向に対する角度分布は $1-\frac{1}{3}\cos\theta$ と逆転することに注意．

$$\simeq x^2[(3-2x)-\mathrm{sgn}(\mu)P_\mu\cos\theta(1-2x)] \quad (0\leq x\leq 1) \tag{2.11}$$

と表される．ここで $\mathrm{sgn}(\mu)$ はミュオン電荷の符号，P_μ はミュオンの偏極度，θ はミュオンの偏極方向から測った $\mathrm{e}^\pm$ の運動方向を表す角度であり，電子，ニュートリノの質量，輻射補正 (radiative correction)[6] などを無視する近似となっている．このスペクトルはルイ・ミッシェルによって精密な理論計算がなされたことからミッシェル・スペクトル (Michel spectrum) と呼ばれ，上段の表式に現れる 3 つのパラメーター ρ，ξ，および δ はミッシェル・パラメーターと呼ばれる．現在の標準理論では，これらのパラメーターの値はそれぞれ $\rho=3/4$，$\xi=1$，$\xi\delta=3/4$ であることが知られており，実験的にも高い精度で確かめられている．式 (2.11) を立体角 $d\cos\theta$ について積分すると $\cos\theta$ の項の平均はゼロとなり，$\mathrm{e}^\pm$ のエネルギースペクトルが

$$\frac{dN}{d\cos\theta}\simeq x^2(3-2x) \tag{2.12}$$

と求まる．これは図 2.4 a) のような形をしており，$E=E_{\mathrm{max}}$ で最大値を取る．

式 (2.11) を眺めてただちに気づくのは $\cos\theta$ に比例する項の存在である．このような項が現れる理由は，やはりミュオンの崩壊に伴って放出されるニュートリノ，反ニュートリノがそれぞれ左巻き，右巻きのものしか存在しないことによる．例えば μ^+ の崩壊で e^+ が取り得る最大のエネルギーを持った場合 $(x=1)$，

[6] 輻射補正とは，場の量子論で現れる「真空」の揺らぎを考慮する補正で，例えば真空中に置かれた電子が不確定性原理に反しない範囲で仮想的な光子（電磁場）とエネルギーのやり取りをする（＝輻射）ことを考慮して電子の相互作用に補正を加えることを意味する．

式 (2.11) は $dN/d\cos\theta = 1 + P_\mu \cos\theta$ となり，$P_\mu = 1$（100%偏極）では図 2.4 b) のように e^+ が $\theta = \pi$ の方向（スピン偏極と逆向き）に放出される確率はゼロになる．このとき，2つのニュートリノはともに μ^+ と逆向き $(\theta = \pi)$ の方向に放出されている．

実際の実験では，基本的にすべてのエネルギーの $\mathrm{e}^\pm$ を観測するので，式 (2.11) を x について積分すると $\mathrm{e}^\pm$ の空間分布

$$\frac{dN}{d\cos\theta} \simeq 1 + \mathrm{sgn}(\mu)\frac{1}{3}P_\mu \cos\theta \tag{2.13}$$

が得られる（図 2.4 b)）．ただし，図 2.3 からもわかるように，静止したパイ中間子から生成される μ^+ と μ^- では，同じミュオンの運動方向に対して P_μ の向きが相互に逆であることに注意しなければならない．したがって，θ をミュオンの運動方向となす角 Θ に取り直すと，μ^- では $P_\mu = 1$，μ^+ では $P_\mu = -1$ となることから，式 (2.13) の右辺は結局 $1 - \frac{1}{3}P_\mu \cos\Theta$ とミュオンの電荷によらなくなる．

ミュオンの磁気モーメント

ここからは，主に地上にある物質を構成する粒子である電子や陽子と比較しながらミュオンの性質を眺めてみよう．

ミュオンは，その質量が電子のおよそ 207 倍であることと，自然崩壊してしまう不安定粒子であることの 2 点を除くと電子（または陽電子）と基本的に同じであることが知られている．例えば，次章以下で最も重要な物理量である磁気モーメントの大きさを比べてみよう（表 2.3 参照）．ディラック方程式に従うフェルミオンは，

$$|\mathbf{M}| = \frac{e\hbar}{2mc} \tag{2.14}$$

という大きさの磁気モーメント $\mathbf{M}$（ベクトル量）を持つ．ここで e は単位電荷，$\hbar$ はプランク定数を 2π で除したもの，m は粒子の質量，c は光速度である．特に電子の場合，

$$|\mathbf{M}_\mathrm{e}| \equiv \mu_\mathrm{B} = \frac{e\hbar}{2m_\mathrm{e}c} = 9.27401 \times 10^{-24}\ (\mathrm{J/T}) \tag{2.15}$$

はボーア磁子 (Bohr magneton) と呼ばれる．これからただちに明らかなように，もしも電子，ミュオン，陽子がすべて単純なフェルミオンであれば，磁気モーメントの大きさはその質量に反比例するはずである．実際，知られている電子

表 2.3 陽子，電子と比較したミュオンの基本的性質．磁気回転比は 2π の因子を含む値であり，1 T の磁場中での回転周波数は 2π を除いた値となることに注意．

	e	μ	p
質量 (MeV/c^2)	m_e =0.511	m_μ =105.66	m_p =938.27
電荷 (e)	±1	±1	+1
スピン ($\hbar$)	$\frac{1}{2}$	$\frac{1}{2}$	$\frac{1}{2}$
磁気モーメント ($\times 10^{-26}$J/T)	927.401	4.49048	1.41057
磁気回転比 (MHz/T)	$2\pi\times$28024.2	$2\pi\times$135.5342	$2\pi\times$42.5774
寿命 (μs)	∞	2.1971	∞

とミュオンの磁気モーメントの比の逆数

$$\left|\frac{\mathbf{M}_\mu}{\mathbf{M}_e}\right|^{-1} = \frac{9.27401 \times 10^{-24}\ (\mathrm{J/T})}{4.49048 \times 10^{-26}\ (\mathrm{J/T})} \simeq 206.53 \tag{2.16}$$

は，その質量比 $m_\mu/m_e = 206.77$ にほぼ一致している．一方，ミュオンと陽子の関係はどうなっているかというと，

$$\left|\frac{\mathbf{M}_p}{\mathbf{M}_\mu}\right|^{-1} = \frac{4.49048 \times 10^{-26}\ (\mathrm{J/T})}{1.41057 \times 10^{-26}\ (\mathrm{J/T})} \simeq 3.1834 \tag{2.17}$$

となり，質量比

$$\frac{m_p}{m_\mu} = \frac{938.27\ (\mathrm{MeV}/c^2)}{105.66\ (\mathrm{MeV}/c^2)} \simeq 8.8801 \tag{2.18}$$

に比べて約 2.8 分の 1 しかない．これは陽子の磁気モーメントがディラック方程式から予言される値よりも 2.8 倍近く大きく，陽子が単純な素粒子ではなく内部に構造を持った複合粒子であることを端的に示している．

とはいうものの，そのように大きな磁気モーメントを持つ陽子（実際のところ，あらゆる原子核のなかで最大である）よりもミュオンがさらに 3 倍以上も大きな磁気モーメントを持っていることは特筆すべきポイントである．なぜならこれこそミュオンが「物質中の内部磁場に敏感なプローブ」である主な理由の 1 つだからである．

磁気回転比

古典物理学においては，磁場 $\mathbf{B}$ 中に置かれた磁気モーメント $\mathbf{M}$ が $\mathbf{B}$ と平行でない場合，磁気モーメントには磁場と平行になるようにトルク $\mathbf{M}\times\mathbf{B}$ が働く．さらに，磁気モーメントが角運動量 $\mathbf{J}$ を伴う場合，磁場によるトルクに釣り合う歳差運動 (precession) を起こすことが知られている．これは重力場中に

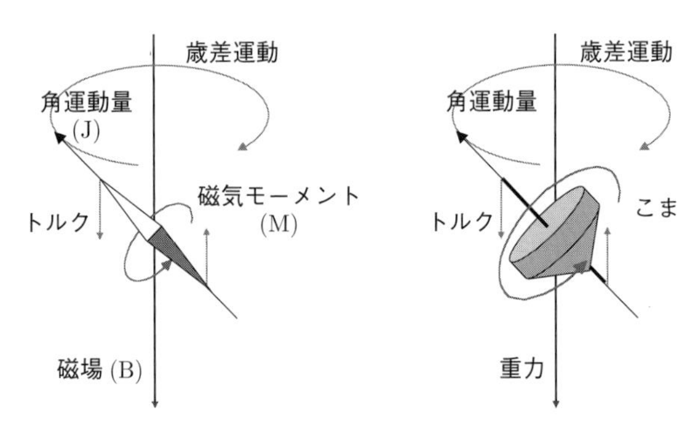

図 2.5　磁場中 (**B**) の磁気モーメント (**M**) の運動（左）．静止した磁気モーメントには $\mathbf{M}\times\mathbf{B}$ に比例したトルクが働くが，**M** が角運動量 **J** を伴うと，古典力学上でコマの場合（右）と同じ原理で歳差運動を起こす．

置かれたコマの回転軸が重力と平行でない場合に見られる首振り運動と同じもので，ラーモア (Lamor) 歳差運動と呼ばれる（図 2.5）．この歳差運動を記述する運動方程式は

$$\frac{d\mathbf{J}}{dt} = \mathbf{M}\times\mathbf{B} \tag{2.19}$$

となる．ここで上記方程式は量子力学においても変更を受けないので，**J** の大きさをプランク定数の単位で測った値 $\mathbf{J} = \mathbf{I}\hbar$ で表し，自転している粒子について

$$\mathbf{M} = \gamma\mathbf{J} = \gamma\hbar\mathbf{I}$$

とおくと，磁気モーメントに対する運動方程式は

$$\frac{d\,\mathbf{M}}{dt} = \gamma\cdot\mathbf{M}\times\mathbf{B} \tag{2.20}$$

となる．ここで現れる比例係数 γ を磁気回転比 (gyromagnetic ratio) と呼ぶ．内部構造のないフェルミオンである電子およびミュオンでは，

$$\gamma = \frac{ge}{2mc} \tag{2.21}$$

と表される．g は g 因子 (g factor) と呼ばれる無次元数で，ディラック方程式からは厳密に $g = 2$ となる[7]．表 2.3 に電子，ミュオン，陽子それぞれの磁気回転比を示した．一方，**I** が軌道角運動量（量子数 I は整数）である場合には $g = 1$

[7] 実際には先にも触れた輻射補正（量子電磁気学の補正）などにより 2 からわずかにずれることが知られており，このずれを異常磁気能率と呼ぶ．

となる．もちろん，陽子も含め原子核が持つスピンの磁気回転比が式 (2.21) のような単純な形で表せないことは明らかで，これは原子核物理学の対象である．

2.4 ミュオンスピン偏極の測定

前節の図 2.4 で眺めたように，ミュオンが自然崩壊の際に放出する陽電子はミュオンのスピン（磁気モーメント）の向きについて異方的な空間分布を持つ．したがって，この空間分布の非対称度 (asymmtery) を測定すれば，ミュオンスピンの向きと大きさ（スピン偏極度）を知ることができる．特に，μ-e 崩壊の非対称度は 33%と，不安定原子核も含むあらゆるベータ崩壊のなかでも最大であり，高感度・高精度のスピン偏極度測定が可能である．

もちろん，1 個のミュオンの崩壊で放出される陽電子は 1 個であり，図 2.4 で与えられるような空間分布は統計現象における確率分布を表すに過ぎないので，個々の陽電子の放出方向を元のミュオンのスピンの向きと一対一に対応させることは困難である．そこで，多数のミュオンからの崩壊陽電子を観測し，統計平均としての空間分布を再構成することでミュオンのスピン偏極度を測定する．

さらに，ミュオンが生成されてから崩壊するまでの時間も一定ではなく，平均寿命 2.2 μs の指数関数で与えられる確率分布に従うので，磁場中でミュオンのスピン偏極が運動する場合，非対称度の時間変化を測定することで運動の様子を観測することができる．物質中に注入・停止したミュオンについてこのような測定を行えば，ミュオンが物質中で感じる内部磁場の大きさや揺らぎを通してその電子状態に関する情報を得ることができる．これがミュオンスピン回転法 (Muon Spin Rotation，μSR) と呼ばれる手法の基本的な構成要素である [8]．

高エネルギー電子（陽電子）の計測

放射線という言葉は広く電磁波や粒子線全般を指す場合もあるが，物質に照射した場合に原子をイオン化する（電離する）ような高いエネルギーを持つものを電離放射線と呼ぶ．単に放射線という場合，一般には電離放射線のことを指す場合が多く，本書でもその意味で用いている．ちなみに日本の法律では

[8] μSR はこの他にもミュオンスピン緩和 (Muon Spin Relaxation)，さらにはミュオンスピン共鳴 (Muon Spin Resonance) の略称ともなっているが，個々のミュオンスピンの運動は回転でしかないという意味で，本書では一貫してミュオンスピン回転法の略称とする．

1. アルファ線，重陽子線，陽子線その他の重荷電粒子線及びベータ線，
2. 中性子線，
3. ガンマ線及び特性エックス線，
4. 1 MeV 以上のエネルギーを有する電子線及びエックス線

を放射線と定めている．

放射線検出器とは，媒体となる物質中でそれが引き起こす電離作用を直接，あるいは電離状態が元に戻る過程（緩和過程）で放出されるエネルギーを何らかの工夫で検知する仕掛けである．ただし，放射線はその種類（おおまかに荷電粒子，電磁波，および中性子に分けられる），さらにはエネルギーによっても物質との相互作用の詳細が異なり，検出法についても一概に論じることは難しい．

検出媒体の側から眺めると，気体を媒体とした検出器では，電離作用を直接電気信号として観測するものが多い．一方，固体や液体を用いる場合には，緩和過程に伴って発生する光や熱をセンサーで感知して電気信号として取り出す．さらに，放射線の強度（数）を測定するのか，そのエネルギーを測定するのかにより媒体の種類も変わってくる．放射線の種類の観点から見ると，一般に電子以外の荷電粒子は物質との相互作用が強く，媒体の表面付近で減衰するのに対し，その他の放射線は比較的相互作用が小さいため透過力が大きい．

なお，我々の目下の関心事はミュオン，あるいはそのベータ崩壊に伴って放出される電子／陽電子の検出であるが，ミュオンと物質の相互作用については対象物質中に注入停止させる，という観点から次章で詳しく取り上げることにする．

放射線としての電子（あるいは陽電子）が持つ最大の特徴は，その質量が軽いという点である．一般に，荷電粒子が物質に照射されると，正電荷を持つイオン殻あるいはその周りの軌道電子とのクーロン相互作用により散乱されるが，質量が軽い電子は重たいイオン殻からはほとんど弾性散乱を受けるのみで，もっぱら軌道電子に運動エネルギーを付与する（＝イオン化する）ことでエネルギーを失う．このようなイオン化反応の断面積は荷電粒子の速度 v に対しておよそ $1/v^2$ で減少していく．

ミュオンのベータ崩壊で放出される電子・陽電子のエネルギーは最大で 50 MeV 以上になるが，電子自身の質量が 0.511 MeV/c^2 であることを考えると，このような電子は相対論的運動学の対象となるエネルギー領域にあり，電子の運動速度 v はほぼ光速度 c で一定となっている．つまり，イオン化によるエネ

ルギー損失が最小（$1/c^2$ で決まっている）という状況にあるわけだが，これを最小イオン化 (minimum ionization) と呼ぶ．また，このエネルギー領域では制動輻射 (Bremsstrahlung) によるエックス線放出がエネルギー損失のもう 1 つの過程として無視できなくなってくるが，これは原子番号が大きな元素で構成される物質ほど大きい．制動輻射エックス線は，それにより媒体に付与された放射線のエネルギーが外部に散逸し検出器の効率を落とすことから，できるだけ抑えたい過程でもある．

そこで，このような高エネルギーの電子・陽電子を検出する際に用いられるのがプラスチックシンチレーターと呼ばれる検出器である．プラスチックは基本的に炭素，酸素，水素といった軽い元素から構成された絶縁体であり，制動輻射によるエネルギー損失はほとんどない．一方，イオン化により付与されたエネルギーはその相当部分が蛍光（シンチレーション発光）により光となるが，透明なプラスチックを用いることでこれを外部に取り出し，光電子増倍管など高感度な光センサーで受けることで信号として取り出すことができる．図 2.6 に，実際に使われている検出器の構成を示す．

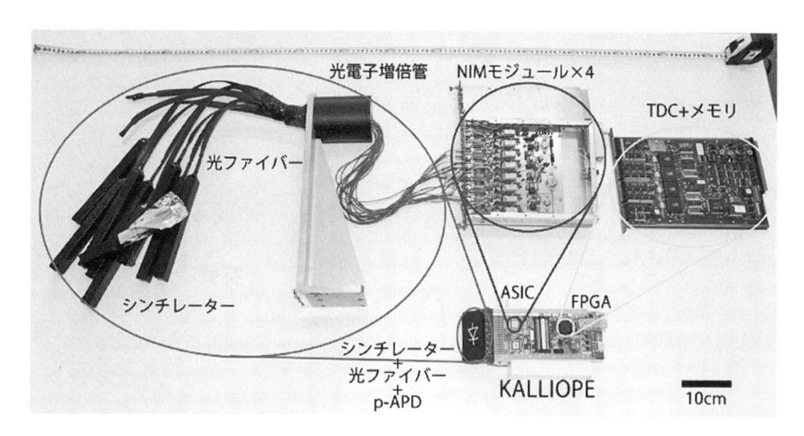

図 2.6 陽電子検出器の構成．左端の黒い棒状のものがプラスチックシンチレーターで，遮光のためにアルミ箔と黒色テープで被覆されている．シンチレーターからの光は光電子増倍管で電気信号に変換され，後段の電子回路で処理される．（「NIM モジュール」とあるのはアナログ信号をデジタルパルス信号に変換する回路，「TDC + メモリ」とあるのはパルス信号のタイミングを記録する回路．）写真下にあるのは最近開発された Kalliope と呼ばれる一体型の陽電子検出器で，シンチレーターから電子回路まで上記一連の構成要素 16 組分が 1 つのモジュールに組み込まれている．

プラスチックシンチレーターの利点は，蛍光の緩和時間が数ナノ秒と短いことで，これはプラスチックを構成する分子の励起状態の寿命に律速されている．これと高速な光センサーおよび電子回路を組み合わせることで，高い時間分解能を持つ陽電子検出器が実現可能となる．また，プラスチックはさまざまな形に加工しやすく，実験装置に組み込むに際して比較的自由に形状をデザインできる点も大きな利点となっている．

最小イオン化のエネルギー領域にある荷電粒子がシンチレーター内で失うエネルギーは，それが通過する距離 x にほぼ比例する（単位長さあたりに失うエネルギー dE/dx を阻止能と呼ぶ）．プラスチックシンチレーターの阻止能はよく調べられているので，荷電粒子の飛程方向の厚みを最適化することにより，単一の荷電粒子の通過に対しても 100%の検出効率を持つ検出器を作ることができる．μSR で用いられる電子・陽電子検出器もこのようなプラスチックシンチレーターである．

スピン偏極の測定法

ここで実際の実験を念頭に，スピン偏極に比例する陽電子分布の非対称度測定の原理をもう少し具体的に見てみよう．次章で示すように，現在実験に供されているミュオンビームの時間構造には 2 種類あり，それぞれ直流ビーム，パルスビームとなっている．このうち直流ビームを使った非対称度の測定では，図 2.7 a) に示すように，雨粒のように連続して飛来する 1 個 1 個のミュオンを試料へ注入する時刻を，試料直前に置かれたミュオンカウンター（μ counter，ここにミュオンが止まらないよう薄いプラスチックシンチレーターが用いられる）により同定することから始まる．この信号を時間原点としてストップウォッチの役を果たす電子回路（図中の F/B-clock，Time-to-Digital Converter [TDC] と呼ばれる）をスタートする．一方で陽電子については，ミュオンスピンの初期偏極方向（z 軸）に対して前後に置かれたカウンター（厚めのプラスチックシンチレーター）で検出，そのタイミング信号でストップウォッチを止め，経過した時間 t を記録する．

ここで重要なことは，陽電子が検出されるまでの間，2 個目のミュオンが入らないことである（でなければミュオンと陽電子の対応がつかなくなり，計数率の時間変化が指数関数から歪む）．そこで，ある一定の時間窓 (time gate，5–20 μs) を設定し，その間にミュオンカウンターが 2 個目のミュオンを検出した場合には，その陽電子事象を無効として排除する (veto) ような論理回路が組まれ

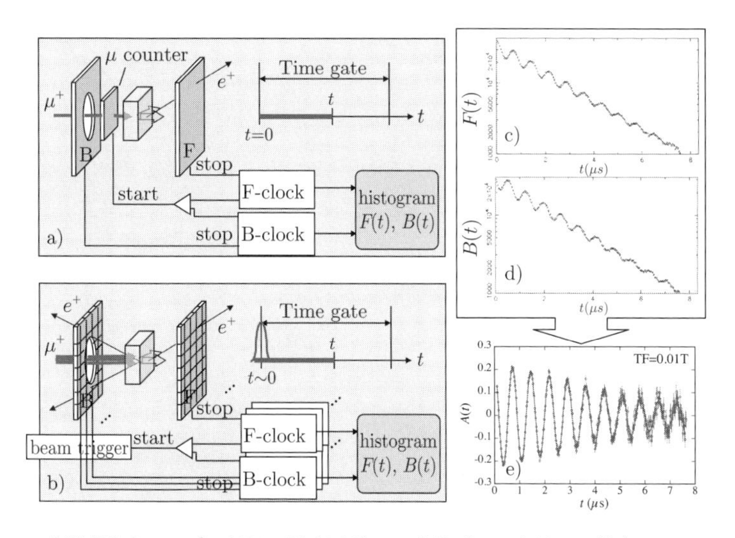

図 2.7 時間変化するスピン偏極の測定原理．a) 直流ビームを用いる場合，ミュオン注入の時刻を同定する検出器 (μ counter)，陽電子崩壊の時刻を同定する検出器 (F, B)，計時装置 (clock)，および集計装置 (histogram) からなる．b) パルスビームを用いる場合，ミュオン注入の時刻はビームの取り出し時刻 (beam trigger) で与えられる．また一度に多数の陽電子を計測できるよう，陽電子検出器をセグメント化する必要がある．c)，d) はそのようにして得られたヒストグラム [$F(t)$, $B(t)$，縦軸は対数目盛]，e) はそれらから本文中式 (2.26) を用いて得られる非対称度の時間依存性．

る．また，ミュオンカウンターの検出効率が厳密には100%ではなく，数え落としの結果として時間窓中に 2 個の陽電子が検出された場合にはその 2 事象もろとも排除される．典型的な実験では，このような測定を 10^7 個程度のミュオンについて繰り返し，それぞれの陽電子検出器について得られた t の値をヒストグラム化する（図 2.7 中で $F(t)$，$B(t)$）．

一方，パルスビームを用いる場合（図 2.7 b)），一度に多数のミュオンを試料に注入することから直流ビームの場合のように 1 個 1 個のミュオンの注入時刻を同定することは困難である．そこで，計時装置の時刻原点（スタート信号）はビームパルスのタイミング（加速器からの信号）とし，その時刻から陽電子検出までの時間を F/B-clock で測定する．また，陽電子検出器–計時装置が持つ有限の時間分解能 Δt の間に 2 個以上の陽電子が飛び込んでくると，2 個目以降の陽電子を計測できず，やはり計数率を歪めることになる．例えば 1 パルスのミュオンで $n = 10^4$ 個の陽電子が検出器に飛来したとすると，ミュオンの寿命

を τ_μ として，平均の陽電子検出頻度は

$$R = \frac{n}{\tau_\mu} = \frac{10^4}{2.2 \times 10^{-6}} \simeq 4.5 \times 10^9 \ \mathrm{s}^{-1} \tag{2.22}$$

と，4.5 GHz という極めて高い値になり，これを 1 個の陽電子検出器で数え落とすことなく計測するには $\Delta t < 1/2R \simeq 0.1$ ns という時間分解能（正確には二重事象識別分解能）が必要となる．このような分解能を実現することは容易でないので，通常は Δt が実用的な値になるよう，図 2.7 b) のように陽電子検出器を分割・セグメント化し，それぞれに計時装置を備えた測定系を用意する．図 2.6 で示した Kalliope と呼ばれる検出器は，大強度に対応してこのようなセグメント化を高密度で実現するために開発されたものであり，受光素子として従来の光電子増倍管に代えてアヴァランシェ型フォトダイオード (APD) を用いている．

なお，ヒストグラム $F(t)$，$B(t)$ はあらかじめ定められた時間幅 t_{bin} で時刻 t と $t + t_{\mathrm{bin}}$ の間に計測された陽電子の数の時間変化，つまり計数率の時間変化を表している点に注意しよう．

陽電子検出器の配置と非対称度

前述の測定で得られる計数率ヒストグラムは，図 2.7 c)，d) で示されるように，ミュオンの平均寿命 2.2 μs で指数関数に従って減衰する計数率に，非対称度の時間変化に伴う変調が重畳した形を取り，検出器の立体角 $d\Omega$ あたりでは次の式で表される．

$$\frac{dN(\theta,t)}{d\Omega} = N_0 \exp(-t/\tau_\mu) \times [1 + \frac{1}{3}\cos\theta \cdot P(t)] \tag{2.23}$$

ここで N_0 は $t = 0$ での計数率，θ は初期ミュオンスピンの偏極方向（z 軸）とミュオン停止位置（試料位置）から見た陽電子検出器とがなす角度（頂角），$P(t)$ が時刻 t での z 軸方向のミュオンのスピン偏極度を表す（簡単のため陽電子検出器は z 軸周りの回転について対称な形・配置を取るものとした）．

図 2.7 でも明らかなように，陽電子を効率的に検出するためにはある程度大きな立体角を持つ検出器を必要とし，θ はある有限な範囲の値を持つ．さらに，非対称度が最大である $\theta = 0, \pi$ の位置はミュオンビームの経路と重なるため，通常はこの位置に陽電子検出器を置くことは難しい[9]．したがって，前方・

[9] ミュオンは陽電子に比べて 200 倍以上も重いため，ミュオンに対して物質が示す阻止能 dE/dx も大きい．陽電子検出用のプラスチックシンチレーターにミュオンが入射

後方での陽電子計数率は，立体角についての積分として $F(t) \simeq \int N(\theta,t)d\Omega$, $B(t) \simeq \int N(\pi-\theta,t)d\Omega$ で記述され，実験的に得られる時刻原点での非対称度は

$$A_0 \simeq \int \frac{1}{3}\cos\theta d\Omega = \frac{1}{3}\langle\cos\theta\rangle \tag{2.24}$$

となる（$\langle\,\rangle$ は検出器が覆う立体角での平均を意味する）．検出器の立体角 Ω を大きくして計数率を上げようとすると，その分だけ A_0 は小さくなってスピン偏極に対する感度が落ちるので，両者は相反関係にある．したがって，実験的な条件が許す範囲で

$$S = \sqrt{\Omega}\cdot A_0 \tag{2.25}$$

を最大にすることが，全体的な感度を最適化することになる．ここで S が $\sqrt{\Omega}$ に比例する理由は，統計誤差が計数率 N に対して $\sqrt{N}$ でしか改善しないからである．いずれにせよ，空間分布の非対称度は測定量 $F(t)$，$B(t)$ を用いて

$$A(t) \equiv A_0\cdot P(t) = \frac{F(t)-\alpha B(t)}{F(t)+\alpha B(t)} \tag{2.26}$$

を計算することにより得られる．ここで α は，検出器の幾何学的な配置や計数効率などの違いにより $A_0=0$ でも前後の検出器の数える陽電子数に差がでること (instrumental asymmetry) を補正する因子である．μSR 法では $A(t)$ を時間スペクトル (time spectrum) と呼び習わし，ミュオンスピン偏極の時間変化を示すために，多くの場合これを生データとして提示する．

なお, 具体的な μSR 実験装置の例として, J-PARC 物質生命科学実験施設の D1 エリアに設置されている装置の例を図 2.8 に示す．この例では $\langle\cos\theta\rangle \simeq \cos 50^\circ$ となっており，A_0 の大きさは $\frac{1}{3}\times\cos 50^\circ \simeq 0.21$ と，およそ 20%程度になっている．

磁場とスピン緩和

ここで，ミュオンの入射方向（$\hat{z}$ 方向）に対して垂直方向（$\hat{x}$ 方向）に磁場 B_0 をかけた場合を考えよう（図 2.7 c)–e) で例示されている計数率ヒストグラムや時間スペクトルはこの場合に対応している）．ミュオンの磁気回転比を $\gamma_\mu = 2\pi\times 135.53$ MHz/T として，ミュオンスピンは B_0 によってミュオンの位置で誘起された磁場に $B_{\rm loc}$ に対応した角周波数

すると阻止能に比例して強い発光を引き起こし，それが減衰するまでの間陽電子が検出不能となるという問題を起こす．

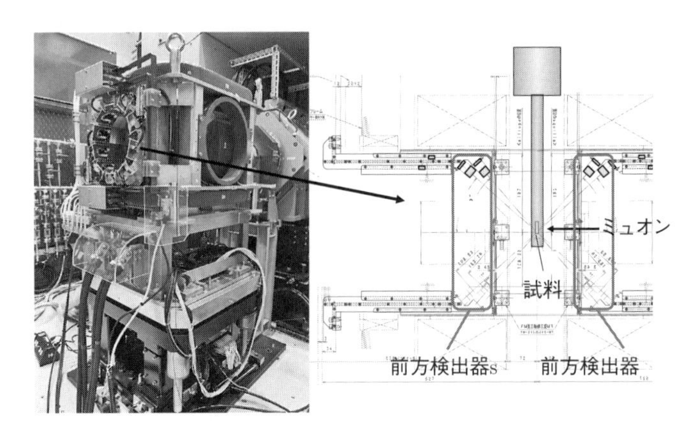

図 2.8　パルス状ミュオン用の μSR 実験装置の例（J-PARC 物質生命科学実験施設に設置）．右図で右側からミュオン（パルスあたり 10^5–10^6 個，進行方向に偏極）を試料に照射注入し，崩壊陽電子を偏極方向に対して前後 320 個ずつ置かれた検出器で測定する．

$$\omega_\mu = \gamma_\mu B_{\mathrm{loc}} \tag{2.27}$$

のラーモア歳差運動をする．このような条件での測定を特に横磁場ミュオンスピン回転 (transverse field μSR) と称し，

$$P(t) = G_x(t) \cos \omega_\mu t \tag{2.28}$$

と表した場合の包絡線 $G_x(t)$ を横緩和関数 (transverse relaxation function) と呼ぶ．図 2.7 e) のスペクトルを眺めると，包絡線はガウス関数で減衰していくように見えることから，$G_x(t)$ は減偏極率を σ として $\exp(-\sigma^2 t^2)$ で記述できることを示唆している．

これに対し，ゼロ磁場（または $\hat{z}$ 方向に磁場をかけた状態）での測定をゼロ（縦）磁場ミュオンスピン緩和 [zero (longitudinal) field μSR] と呼ぶ．この場合，測定によりただちに縦緩和関数 (longitudinal relaxation function)

$$P(t) = G_z(t) \tag{2.29}$$

が得られる [10]．このようにして我々は，ミュオンスピンの時間発展 $P(t)$ から

[10] 核磁気共鳴における「ゼロ磁場」共鳴とは，原子核の持つ電気四重極モーメントと局所的な電場勾配との相互作用の大きさで決まる周波数で起きる共鳴を指し，μSR のそれとはまったく状況が異なるので注意．

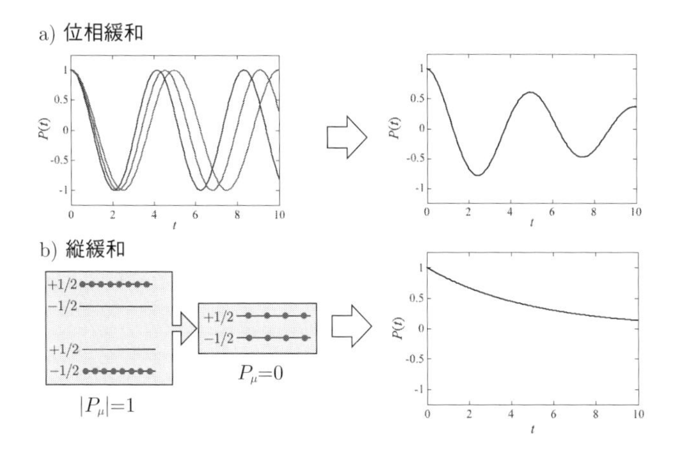

図 2.9 スピン減偏極における 2 つの過程．a) 位相緩和では，個々のミュオンの回転周波数が異なることで回転の位相にずれが生じることで起きる．b) 縦緩和では，ミュオンと熱浴との接触により，偏極に伴うエネルギーが散逸することで生じる．終状態で $+\frac{1}{2}$ と $-\frac{1}{2}$ が等しく占有される理由は，通常の磁場 ($B < 10^1$ T) や温度 ($T > 10^0$ K) ではこれらの状態間のエネルギー差 ($\hbar\gamma_\mu B < 10^{-7}$ eV) が熱エネルギー ($k_B T > 10^{-4}$ eV) よりはるかに小さいからである．

緩和関数の形を直接的に知ることができる．

緩和関数の具体的な例については次章以降で詳しく議論するが，ここでは μSR 法で得られる $G_x(t)$，$G_z(t)$ が一般的に意味するものについて少し考察しておこう．

まず，磁場中に置かれた統計集団としてのスピン系を考えたとき，スピン緩和（減偏極）の機構には大きく分けて「位相緩和」と「縦緩和」がある．図 2.9 a) に示すように，位相緩和とは多数のミュオンがそれぞれのサイトで感じている磁場が相互に異なる（＝不均一である）場合に，それに応じて異なる周波数でスピン回転する信号の重ね合わせとしての信号の振幅が減衰していくことを意味する．

これに対して，縦緩和とは図 2.9 b) のようにエネルギーの散逸を伴う減偏極過程を指し，「スピン-格子緩和」とも呼ばれる．磁場中でミュオンが 100%スピン偏極した状態は，量子力学的には 2 準位系の一方の準位を 100%占めている状態に対応し，熱力学的には非平衡状態（負の温度状態とも言える）になっている．ミュオンは熱浴（格子系）と接触しているので，このスピン偏極に伴うエネルギーはいずれ散逸する（熱力学的な緩和が起きる）ことで減偏極が起きる．

この定義から推察されるように，横緩和関数 $G_x(t)$ は両方の過程によるスピン緩和を反映する．これに対し，縦緩和関数 $G_z(t)$ は，特にその長い時間領域においてエネルギー散逸に伴う縦緩和過程のみを反映する．したがって，$G_z(t)$ と $G_x(t)$ との組み合わせにより2つの緩和過程を区別することが可能になる．

磁気共鳴法

ここで，位相緩和と縦緩和の違いを言い換えると，前者は時間的に可逆過程であるのに対して，後者は不可逆過程となる．これを端的に示す実験としてよく知られているのが「スピンエコー」実験である．スピンエコーは，いわゆる磁気共鳴法の1つの応用なので，まずは磁気共鳴について簡単にまとめておこう．

磁気共鳴現象を考える場合，古典スピン系で考えるのが直感的にも理解しやすい．磁場 $B_{\rm loc}$ 中に置かれたスピンは式(2.27)で表される周波数で歳差運動をしているが，このスピンに対して $B_{\rm loc}$ と垂直な方向に角周波数 ω で振動する摂動磁場 $H_1 \cos\omega t$ を印加することを考える．この場合，$\omega = \omega_\mu$ であれば歳差運動と振動磁場が同期することで，スピンが常にある向きに首を振っている瞬間にのみ H_1 が印加されることになり，図2.10a)に示すようにスピンは H_1 に垂直な面内に首振り角が大きくなっていく．この系全体を ω_μ で回転する座標系で眺めると $B_{\rm loc}$ は見かけ上ゼロとなり，スピンは $\gamma_\mu H_1$ という角周波数で H_1 に垂直な面内を回転することになる．したがって，この回転周期より十分長い時間で平均すれば，z 方向の偏極度はゼロになる．つまり共鳴的に偏極が失われるわけで，これが磁気共鳴と呼ばれる現象である．

ちなみに，核磁気共鳴ではアボガドロ数個の核スピンが $B_{\rm loc}$ によりわずかに偏極している（ボルツマン分布からずれて有限の磁化を持つ）状態にあり，これに上記と同じく振動磁場 $H_1 \cos\omega t$ を印加すると $\omega = \omega_\mu$ で磁化の減少が観測される．一度に多数の核スピンが関与する点を除き，起きている現象はミュオンにおける磁気共鳴と基本的に同じである．

ここで，振動磁場を $\gamma_\mu H_1 t = \frac{\pi}{2}$ を満たす時間幅だけパルス的に印加すると，図2.10b)のようにスピンはちょうど 90° 倒れて $x'y'$ 面内に静止する（このような振動磁場のパルスを $\frac{\pi}{2}$ パルスと呼ぶ）．ここで系を静止座標系から眺めれば，スピンは $\gamma_\mu B_{\rm loc}$ で回転しているわけだが，仮に $B_{\rm loc}$ がわずかながらも分布を持っているとすると，スピン偏極度は位相緩和（および縦緩和）により式(2.28)に従い減衰する．この変化を回転座標系で見ると，はじめ揃っていたスピンの向きが，図2.10c)のように時間の経過とともにばらけてゆくことに対応する．

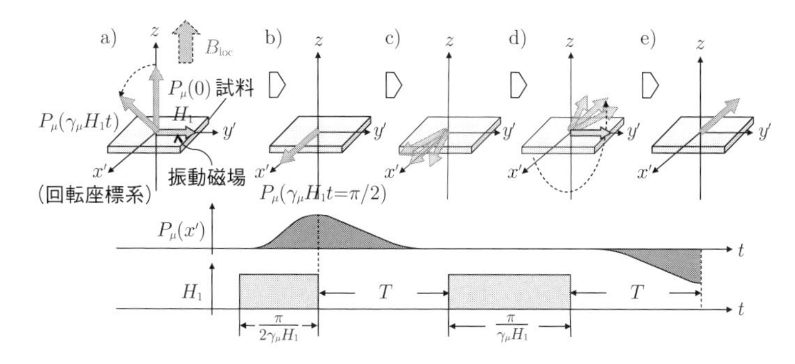

図 **2.10** a) 静止座標系 (x, y, z) で磁場 $B_{\rm loc}$ 中に置かれ，振動磁場 $(0, H_1 \cos\omega_\mu t, 0)$（ここで $\omega_\mu = \gamma_\mu B_{\rm loc}$）を感じているスピン偏極の運動を，角周波数 ω_μ で回転する座標系 (x', y', z) に移行して眺めると，$B_{\rm loc}$ は実効的にゼロとなり，スピン偏極は角周波数 $\gamma_\mu H_1$ で $x'z$ 面内を回転する（磁気共鳴状態）．そこで，b) この回転角が $\frac{\pi}{2}$ になったところで振動磁場を切ると（$\frac{\pi}{2}$ パルス），c) 観測時間 T の間にスピンは $B_{\rm loc}$ の不均一さを反映して $x'y'$ 面内で位相緩和を起こす．d) さらに回転角が π に対応する時間幅で同じ振動磁場を印加すると（π パルス），$\omega_\mu t \to -\omega_\mu t$ となり，スピンの運動は実効的に時間反転を受ける．したがって，T の間の縦緩和が無視出来れば，e) 同じ時間 T を経過した後には位相緩和を起こす前の偏極度（ただしスピンの向きは $-x'$ 方向に反転）に戻る．

これは横緩和を測定するもう 1 つの方法であり，核磁気共鳴では free induction decay (FID) と呼ばれている．

時間微分的磁気共鳴法

μSR の場合にこの FID を観測することは，はじめからミュオンスピンの向きに垂直な磁場を印加してスピンの運動を観測する通常の横磁場 μSR とまったく同等に見え，実験的には余分な手間をかけているだけにも見える．しかしながら，共鳴法では，ミュオンの注入時刻（通常の μSR における時刻の原点 t_0）に対して，FID を引き起こすための $\frac{\pi}{2}$ パルス印加のタイミング (t_1) を選ぶことができることによる大きなメリットがある．すなわち，t_0–t_1 の間に生じ得る位相緩和を無視することができる．以下ではこの手法を時間微分的磁気共鳴法と呼ぶことにし，2 つの応用例を挙げておこう．

- パルス状ビームによる μSR では，ミュオンの試料注入時刻 t_0 がビームパルスの幅 Δt 程度に分布する．したがって，通常の横磁場 μSR では（はじめから試料に磁場が印加されているので）それぞれのミュオンがバラバラの t_0 でスピン回転を起こすことによる位相緩和が生じ，これが時間分解能への原理的な制約となっている．ところが，時間微分的磁気共鳴法では，FID（スピン回転運動）の時刻原点を t_1 として再定義するので，このような制約を受けない．つまり，パルス状ビームでは従来困難と考えられていた高磁場・高時間分解能の μSR 測定が可能になる．

- 非金属物質中で起き得る現象として，ミュオンが試料注入直後に中性ミュオニウム状態 (Mu^0) を形成し，それがゆっくりと μ^+ あるいは Mu^-（いずれも反磁性状態と呼ばれる）へと移行する場合があることが知られている．このような変化は $\mu^+(\mathrm{Mu}^-)$ が存在し始める時刻 t_0 が分布することに対応し，通常の横磁場 μSR ではまったく感知できないが，時間微分的磁気共鳴法では t_1 のタイミングを変えて FID の振幅を観測することで，そのような「遅延して生成される反磁性ミュオン状態」を観察することが可能である．

いずれもパルス状ビームを必要とするが，特に後者はパルス状ビームならではの実験手法であり，いろいろな応用が考えられるだろう．

スピンエコー法

前節では $\frac{\pi}{2}$ パルスによりスピンを 90° 倒し，FID を観測するところまでを説明した．ここで，図 2.10 d) にあるように，$\frac{\pi}{2}$ パルス終了後ある一定時間 T が経過したところで今度はその 2 倍の長さの幅を持つ振動磁場のパルス（π パルス）を印加した場合を考えてみよう．π パルスの直前まで，静止座標系でのスピン偏極の時間発展は

$$P(\tau) = G_x(\tau)\cos(\omega_\mu \tau) \tag{2.30}$$

と記述される．π パルスはスピン系を xy 面について鏡映反転することに対応し，これをスピン系から眺めれば磁場 B_{loc} の向きが $-B_{\mathrm{loc}}$ へと逆転したことに等しい．したがって，π パルスの終端を時刻原点として以降の時間発展は

$$P(\tau') = G_x(T-\tau')\cos(-\omega_\mu \tau') \tag{2.31}$$

となる．回転座標系では $\cos(\omega_\mu\tau)$，$\cos(-\omega_\mu\tau')$ の項は一定となるので，G_x の変化のみが時間を反転したものとなり，減偏極の原因が位相緩和だけであれば $\tau' = T$ でスピン偏極の絶対値は元に戻る（図 2.10 e)，ただし向きは位相 π だけずれて逆向きに偏極が現れる）．

このように，磁気共鳴条件下で $\frac{\pi}{2}$-T-π-T というパルスシーケンスにより振動磁場を印加すると現れるスピン偏極（磁化）をスピンエコーと呼ぶ．図 2.10 で

はわかりやすいように振動磁場のパルス幅を大きく図示したが，この幅（=スピンを操作するために必要な時間）は $(\gamma_\mu H_1)^{-1}$ に比例し，振動磁場の角周波数 $\gamma_\mu H_1$ が大きければその分だけ短くて済むことに注意しよう．

スピンエコーでは，時間発展を途中で逆転させることで位相緩和を相殺し，横磁場条件の下でもスピン縦緩和による減偏極のみを抽出できる，というメリットがある．基本的に磁場中での測定を必要とする核磁気共鳴では，縦緩和成分を選択的に見るために日常的にこのようなスピンエコー測定を行っており，エコー信号を待つまでの時間 $2T$ を変えながら測定することで，縦磁場 μSR の時間スペクトルに対応するデータを得ている．ミュオンでは平均寿命という制約はあるものの，より系統誤差の少ない縦緩和測定法として今後応用が期待される手法である．

また，核磁気共鳴の場合と違い，ミュオンのゼーマン相互作用エネルギーは周りのスピン系のそれと大きく異なるため，スピン系として共鳴的にエネルギーの散逸を起こす経路がなく，ほぼ孤立した系になっている[11]．したがって，ミュオン・スピンエコーは，巨視的な自由度の熱浴に接する量子力学的な実体としてのミュオンスピンの運動が真の意味で時間反転に対して対称であるかどうか，そうでないとすれば，どのような散逸過程が「時間の矢」を決めているのか，といった基礎物理学的な問題を研究する手段となる可能性も秘めている．

[11] これはミュオン版の「多次元 NMR」が困難である理由でもある．

第3章 ミュオンビームの発生と輸送

前章では，ミュオンという粒子の基本的な性質に注目し，弱い相互作用におけるパリティの破れがどういうものであるかについて，いわゆる標準理論に立ち戻って詳述するとともに，**実験手法**としての μSR の核心部分であるスピン偏極の操作，およびその計測法について概説した．そこでも触れたように，ミュオンスピンの運動を十分な精度で測定するためには，1 つのデータ点（時間スペクトル）について，およそ 10^7 個のミュオンを必要とする．このような測定を実用的な時間（< 1 時間程度）で終わらせるためには 1 cm^2 あたり毎秒 10^3～10^4 個という強度のミュオンを必要とするが，宇宙線として利用できるミュオンの強度はこれに遠く及ばない．したがって，μSR を実用的な測定手法として成り立たせるためには人工的なミュオン源が必要となる．

そこで，本章ではそのような大量のミュオンをどうやって発生するか，またそれを粒子線ビームとしてどのように実験室まで輸送し，調べたい物質に注入するのかについて詳述する．これらを理解する上で必須の基本法則として，特殊相対性理論に基づく運動学，および物質と放射線（イオンビーム）の相互作用とについて学ぶ．

3.1 相対論的運動学

我々が住む世界は，いかなる慣性系（等速直線運動を行う座標系）においても光速度 c が同じに見える，という奇妙な性質を持っている．光源や観測者がどのような相対速度で動いても光そのものの伝搬速度が変化しないのである．光，あるいは電磁波が音波などの媒質波と同じならば，媒質（音波であれば空気）と座標系の相対速度により見かけの光速は変化する（よく知られたドップラー効果の原因となる）はずだから，これは直感的には受け入れがたい性質である．実際，19 世紀の終わりにかけてマイケルソンとモーリーは電磁波としての光を伝搬する媒質「エーテル [1)]」の存在を証明すべく，エーテルと地球の相対運動による光速度の変化を観測しようと繰り返し試みたにもかかわらず，それを見出せなかった．エーテルは存在しない，つまり光は何もない空間（真空）を伝わることが明らかになったわけだが，これは光が古典的な波ではないことの証左であるとともに，時空そのものへの理解を問い直す契機にもなった．

アインシュタインは相対論的運動学を展開するにあたり，2 つの原理を導入した．1 つは「慣性系によらず光速度は一定不変」という原理，もう 1 つは「慣性系によらず物理現象は同じ」という原理（相対性原理）である．いうまでもなく速度とは距離を時間で除したものであり，異なる慣性系で光速度が同じに見えることのしわ寄せは，当然のことながら距離や時間の再定義となって現れる．まず，光に対して観測者がどのように運動しても光速度が同じということは，光が単位時間に進む距離が観測者の運動によって変化する，つまり距離のものさしが伸縮することを意味する．一方，光源の運動によっても光速度が変化しない，ということは，光源で流れる時間とその観測者の手元で流れている時間が異なる（具体的には光源での時計が遅れる）ことを意味する．かくして，「空間のすべての場所で同時に均一に流れる時間」という素朴な世界観は放棄させられるのである．

相対論的運動学では，3 次元空間における座標 $\mathbf{r} = (x, y, z)$ に時刻（ただし次元を空間次元に揃えるために光速度 c を乗じた）ct を第 4 の座標軸として加えた 4 次元座標を用いる．

$$\vec{x} = x^{\alpha} = (ct, \mathbf{r}) \ (\alpha = 0, 1, 2, 3) \tag{3.1}$$

以下では 4 次元時空間の 2 点 $\vec{x}_1$ と $\vec{x}_2$ の間の「事象の隔たり」$\vec{x} = \vec{x}_2 - \vec{x}_1$ を考えよう．これに対応する内積

$$(\vec{x})^2 = x^{\alpha} x_{\alpha} = (ct)^2 - \mathbf{r}^2 \equiv \tau^2 \tag{3.2}$$

は 3 次元空間における距離と同じで，4 次元座標の取り方によらず不変なはずである．今 $\mathbf{r}_1 = \mathbf{r}_2$（$\mathbf{r} = 0$，すなわち静止状態）で時間が t 経過したとすると $(ct)^2 = \tau^2$ で，これから

[1)] ギリシア語のアイテール ($\alpha\iota\theta\eta\rho$，原義は「輝く」など) に由来，英語では ether，あのイーサーネット Ethernet の語源でもある．

$$\frac{\tau}{c} = t \tag{3.3}$$

となる．つまり2つの事象の間の時間差が τ と c という不変な量で表されたことになる．ここで τ はどのような慣性系でも共通になるという意味で「固有時間」と呼ばれる．したがって，これを基に速度や運動量を定義すれば，どの慣性系でも物理現象は同じに見えるだろう．そこで，4次元速度を

$$\vec{v} = v^{\alpha} \equiv \frac{c}{\tau}\vec{x} \ (\alpha = 0, 1, 2, 3) \tag{3.4}$$

と定義し，元の速度 $\mathbf{v} = (v_x, v_y, v_z) = (x/t, y/t, z/t)$ および時間 t との関係を調べてみると，式 (3.2) から

$$\left(\frac{\tau}{ct}\right)^2 = 1 - \frac{1}{c^2}\left|\frac{\mathbf{r}}{t}\right|^2 = 1 - \left(\frac{v}{c}\right)^2$$

すなわち

$$\frac{c}{\tau}t = \frac{1}{\sqrt{1 - \left(\frac{v}{c}\right)^2}} \equiv \gamma \tag{3.5}$$

となって，結局

$$\vec{v} = v^{\alpha} = (\gamma c, \gamma \mathbf{v}) \tag{3.6}$$

となっていることがわかる．式 (3.5) の右辺に出てくる γ がローレンツ因子と呼ばれるものである．4次元運動量 $\vec{p}$ は $\vec{v}$ に質量 m を乗じた

$$\vec{p} = p^{\alpha} \equiv m\vec{v} = (\gamma mc, \gamma \mathbf{p}) \ (\alpha = 0, 1, 2, 3) \tag{3.7}$$

として定義される．ここで $\mathbf{p} \equiv m\mathbf{v}$ は3次元空間の運動量である．4次元運動量の内積も不変量になっているはずで，

$$(\vec{p})^2 = p^{\alpha}p_{\alpha} = \gamma^2[(mc)^2 - \mathbf{p}^2] = (Mc)^2 \tag{3.8}$$

と表すことができる．ここで M は「不変質量 (invariant mass)」と呼ばれ，$v = 0$，すなわち $\gamma = 1$ のときには m と一致する．これから，γmc に光速度 c を乗じて得られるエネルギーの次元を持つ量は，運動エネルギーの寄与も含む全エネルギー E に対応することがわかり，式 (3.8) は

$$\frac{E^2}{c^2} = \gamma^2\mathbf{p}^2 + M^2c^2 \tag{3.9}$$

と書き換えることができる．また，運動エネルギーは全エネルギーから質量相当分を差し引いた

$$T = E - Mc^2 = \sqrt{(\gamma \mathbf{p} c)^2 + (Mc^2)^2} - Mc^2 \tag{3.10}$$

で与えられる．式 (3.9) に c^2 を乗じたものは，静止した物体 $(p = 0)$ におけるエネルギーと質量の等価性を表す有名な式

$$E = Mc^2$$

を一般化した形に対応していることが見て取れるだろう．

より一般的に，同一対象について，ある座標系で見た静止状態と，それとは相対速度 $\mathbf{v} = (v, 0, 0)$ で動いている座標系で観測される $\vec{p}$ という運動状態との関係は

$$\beta = \frac{v}{c}, \ \gamma = \frac{1}{\sqrt{1-\beta^2}} \tag{3.11}$$

としてローレンツ変換

$$\vec{p} = \begin{pmatrix} E \\ p \\ 0 \\ 0 \end{pmatrix} = \begin{pmatrix} \gamma & \beta\gamma & 0 & 0 \\ \beta\gamma & \gamma & 0 & 0 \\ 0 & 0 & 1 & 0 \\ 0 & 0 & 0 & 1 \end{pmatrix} \begin{pmatrix} M \\ 0 \\ 0 \\ 0 \end{pmatrix} \tag{3.12}$$

で結ばれている．すなわち

$$E = \gamma M, \tag{3.13}$$

$$p = \beta\gamma M = \beta E \tag{3.14}$$

となるが，これを見ればわかるように，全エネルギー E は $M/\sqrt{1-\beta^2}$ となり，v が光速度に近づくと無限大に発散する．速度がほとんど変化せずに $(v \to c)$ エネルギーが無限大になるということを非相対論的に表現すれば，有効質量 $M_{\text{eff}} = M/\sqrt{1-\beta^2}$ が発散的に大きくなることを意味する．なお，式 (3.14) からは

$$\beta = \frac{p}{E} \tag{3.15}$$

という関係が導かれる．これを用いると，ローレンツ変換を 4 次元運動量だけ

で記述できるので便利である．

大変簡略であるが，以上で相対論的運動学を応用するための道具立ては揃った．以下の各節では運動エネルギーが質量に転換する，あるいは粒子が加速されて光速に近づくと重くなる，といった現象が頻繁に出てくるが，これらは相対論的運動学によって理解できる．特に，3.4 節「ミュオンビームの取り出し」では，これを用いてパイ中間子，ミュオンの運動について具体的に議論する．

3.2　核反応によるパイ中間子およびミュオンの生成

すでに触れたように，ミュオンという素粒子はパイ中間子の自然崩壊によって生成される．パイ中間子はハドロン (hadron) と呼ばれる一連の粒子群の 1 つであり，2 個のクォークの束縛状態である中間子 (meson) の一種である．ハドロン族の粒子としてはもう 1 種類，3 個のクォークの束縛状態からなる粒子，すなわち陽子や中性子，さらにはハイペロンといった不安定な（有限な寿命を持つ）粒子を含むバリオンと呼ばれる一群が存在する．パイ中間子に限らず，不安定なハドロンはいずれも弱い相互作用による崩壊モードを持ち，ある一定の分岐比でミュオンや電子といったレプトンを生成する．しかしながら，パイ中間子 ($\pi^{\pm}$) はその質量が 139 MeV/c^2 とハドロン族中で最も軽く [2)]，ミュオンの親になる粒子として核反応で最も容易に得られる（反応断面積が大きい）ハドロンである．そのため，もっぱらこのパイ中間子がミュオン生成に利用される．

とはいえ，実験室でビームとして利用できるような強度でミュオンを得るためには，パイ中間子を大量に発生する必要がある．この目的にかなう方法の 1 つが，高エネルギーに加速した大強度の陽子ビーム (p) を標的原子核 (${}^{A}_{Z}\mathrm{N}$，Z は原子番号，A は原子量) に照射し，

$$\mathrm{p} + {}^{A}_{Z}\mathrm{N} \rightarrow {}^{A'}_{Z'}\mathrm{N}' + s^{\pm}(\mathrm{e}^{\pm}, \pi^{\pm}, \mathrm{p}, \ldots) + s^{0}(\gamma, \nu, \pi^{0}, \mathrm{n}, \ldots) \qquad (3.16)$$

といった核反応（非弾性散乱）を利用する手法である．ここで ${}^{A'}_{Z'}\mathrm{N}'$ は反応により生成される原子核，$s^{\pm}(\mathrm{e}^{\pm}, \pi^{\pm}, \mathrm{p}, \ldots)$ は各種荷電粒子の生成，$s^{0}(\gamma, \nu, \pi^{0}, \mathrm{n}, \ldots)$ は各種中性粒子の生成を表す．特に，パイ中間子のように反応前に存在しなかっ

---

2) 中性パイ中間子 (π^0) の質量は荷電パイ中間子 ($\pi^{\pm}$) よりわずかに軽い (135 MeV/c^2) が，その主な崩壊モードは 2 光子崩壊 ($\pi^0 \rightarrow 2\gamma$) であり，ミュオンの生成にはほとんど寄与しない．

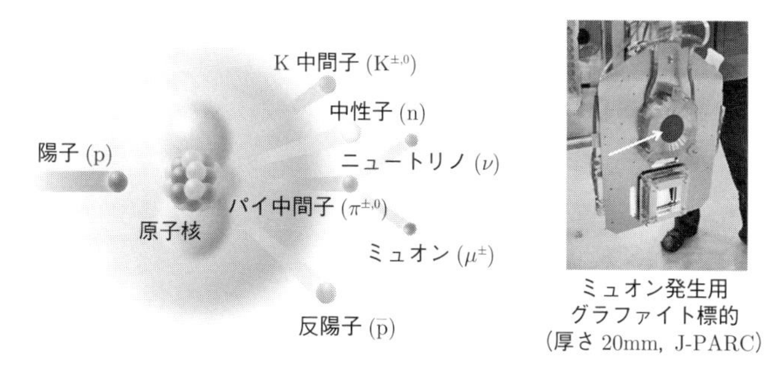

図 3.1 高エネルギー陽子ビームによる核反応で生成される粒子群．右側写真は実際にミュオン発生用として使用されたグラファイト標的（中央矢印がグラファイトの部分）．標的からの熱を除去するため，冷却水を通した銅のリングにはめ込まれている．

た粒子の生成では，入射エネルギーの一部が $E = Mc^2$ の関係により物質に転化したことを意味する．生成粒子に含まれる陽子や中性子は標的原子核に由来するもの（核破砕反応による）も含まれるが，それ以外の粒子については入射する陽子の運動エネルギーが大きければ（エネルギー・運動量や電荷の保存則を満たす限り）いくらでも生成され得る．また，当然のことながら，同じ陽子入射エネルギー・強度に対しては，一般的に質量が小さな粒子ほど生成される確率は大きい．さらに，Z が大きな原子核では，核破砕反応により原子核を構成する核子（特に中性子）も大量に放出される．

一方，主にパイ中間子の利用を考えた場合，それ以外の生成粒子はバックグラウンドや標的周辺の放射化といった不都合をもたらすので，できるだけ少ないことが望まれる．そこで，パイ中間子の生成標的としては Z が小さく，余計な核反応生成物が少ない軽元素からなり，なおかつ材料としても放射線損傷に強く，陽子ビーム照射で発生する熱を除去しやすい金属であることが望ましい．具体的にはベリリウム，炭素（グラファイト，図 3.1 参照），チタンといった金属標的が用いられる．図 3.2 は，グラファイト標的を用いた場合の陽子との核反応におけるパイ中間子の全生成断面積を，陽子ビームのエネルギーに対してプロットしたものである [1]．

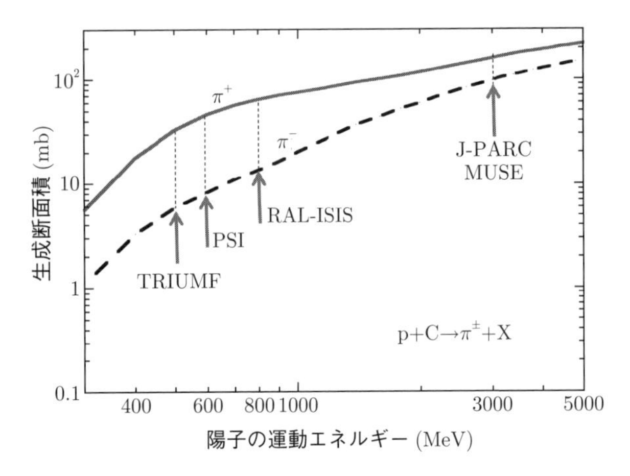

図 3.2　グラファイト標的に陽子ビームを照射した場合のパイ中間子の生成断面積．横軸は照射する陽子の実験室系における運動エネルギー [1]．π^- の生成では荷電交換反応を起こす必要があるので，低エネルギーでは π^+ よりも一桁近く生成確率が小さい．矢印は，現在ミュオン発生に利用されている陽子加速器（表 3.1 参照）のビームエネルギーを示した．

3.3　陽子加速器の種類とミュオンビームの時間構造

高エネルギー・大強度の陽子ビームを用いてパイ中間子（およびミュオン）を大量に発生させる施設は「中間子工場 (meson factory)」とも呼ばれる．現在世界で稼働している中間子工場は 4 ヵ所あるが，基になる陽子加速器には加速原理が異なるものが 2 種類あり，これにより得られる陽子ビームの時間構造が大きく異なる．この違いは生成される 2 次ビームの時間構造に直接反映され，結果としてミュオンの利用方法に大きな違いをもたらすので，実験を考えるにあたり常に意識しておく必要がある．

1 つはサイクロトロン (cyclotron) と呼ばれる加速器で，磁場 B の中を円運動（サイクロトロン運動）する粒子の回転周期 τ_B が

$$\tau_B = \frac{2\pi m}{qB} \tag{3.17}$$

と粒子の速度（エネルギー）によらず一定であることを利用する（ここで m は粒子の質量，q は電荷）．加速原理は比較的簡単で，図 3.3 a) のように円盤状の磁極の間を円運動する粒子が，直径方向に設けられた電極間を一定周期で通過す

る際に加速電場を感じ，速度が増大するとともに徐々に回転半径が大きくなってゆく．加速電場はサイクロトロン運動の周期と同じ高周波電場でよく，あとは円盤状磁石の中心にイオン源を用意すれば，放出されたイオンのなかで高周波の位相と運動がマッチしたものが連続的に加速され，最後には磁極の外周方向に沿って射出される．したがって，陽子ビームの時間構造は，高周波電場の周期に従ったマイクロバンチ構造を持っているものの，基本的には連続状のビームとなる．

サイクロトロンは原理が単純で，建設・運転も比較的容易であることから，初期の円形粒子加速器として大活躍したが，一方で加速エネルギーが上昇して粒子の静止質量と運動エネルギーが同程度になると相対論的な効果が効き始め，有効質量が重くなるなどにより「サイクロトロン周期が一定」という式 (3.17) の加速条件が成り立たなくなる．つまり，この原理で加速できる粒子のエネルギーには一定の上限がある（$M = 938$ MeV/c^2 である陽子では $E \simeq 500$–600 MeV 程度）．そこでこのような原理的困難を解決する加速器として登場したのが，シンクロトロン (synchrotron) と呼ばれる加速器である．

シンクロトロンでは，粒子の速度（エネルギー）によらずその周回軌道の半径が一定となるように偏向電磁石[3)]の磁場を時々刻々と変化させるところがサイクロトロンと大きく異なる（図 3.3 b）．ただし，このようなことができるためには，一度に加速される粒子を時間的に一塊（ビームバンチ）にまとめ，ビームバ

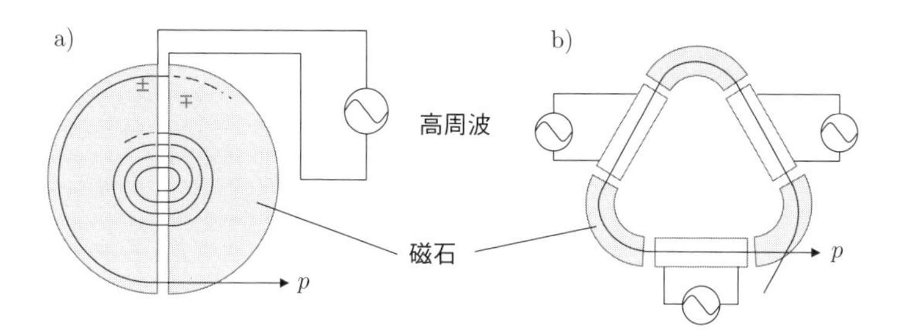

図 3.3 a) サイクロトロンの加速原理．円盤状の磁場（紙面に垂直）の中心に置かれた粒子がサイクロトロン運動をしながら電極間の電場で加速されていく．b) シンクロトロンの原理．粒子をパルス（バンチ）状にして入射し，粒子が加速されてもサイクロトロン運動の半径が同じになるように，偏向電磁石の磁場を粒子の周回に合わせて掃引する．

3) 荷電粒子の軌道に対して垂直に磁場をかける磁石．運動量 p を持つ荷電粒子の軌道は磁場 B 中を一定の距離通過後に B/p に比例した角度で曲げられる（偏向する）．

ンチの運動に同期して磁場を変化させる必要がある[4]．したがって，ビームの時間構造はパルス状になり，パルスの時間幅は基本的に加速リングの周長，またその周期は一連の加速サイクルの周期で制限されることになる．さらに，はじめからある一定以上のエネルギーを持った粒子でなければ加速できず，ビーム入射器として適当な前段加速器を必要とするなど，加速器としても複雑な構成になり，建設や運転に大きなコストがかかる．

といわけで，サイクロトロン，シンクロトロンそれぞれに一長一短があり，世界的にも両者が相補的に用いられている．ここで現在稼働中の中間子工場を表3.1にまとめておこう．

表 3.1　2015年現在で稼働中の中間子工場．なお，ここで示されたビームパワーのうち，実際にパイ中間子生成に用いられるのはその一部 (5–10%) であることに注意する必要がある．PSI，RAL，J-PARCでは，その大部分が核破砕中性子の発生に用いられる（J-PARCのビームパワーは近々1MWに達する予定）．

機関名 ミュオン施設 所在地	PSI SμS スイス	TRIUMF カナダ	RAL ISIS 英国	J-PARC MUSE 日本
陽子加速器	サイクロトロン	サイクロトロン	シンクロトロン	シンクロトロン
陽子エネルギー (MeV)	590	500	800	3000
ビームパワー (MW)	1.1	0.1	0.16	0.3
時間構造	直流	直流	パルス (50 Hz)	パルス (25 Hz)
稼働年	1974	1974	1984	2008

3.4　ミュオンビームの取り出し

崩壊ミュオンと表面ミュオン

核反応で生じたパイ中間子の運動エネルギー T_π は，およそ $P(T_\pi) \propto \exp(-T_\pi/T_0)$ という密度分布関数に従って広く分布している．ここで T_0 は生成されたパイ中間子の平均的な運動エネルギーに相当し，入射された陽子ビームの運動エネルギーに依存する．例えばグラファイト標的の場合，図3.2で示したエネルギー領域では $T_0 \simeq 60\sim80\,\mathrm{MeV}$ と見積もられている．この値を速度に換算するとおよそ光速度の40%に相当する．光速度は $c \simeq 0.3\,\mathrm{m/ns}$ なので，

[4] このようにビームの運動に同期 synchronize させて磁場を掃引するので，このタイプの加速器はシンクロトロンと呼ばれる．

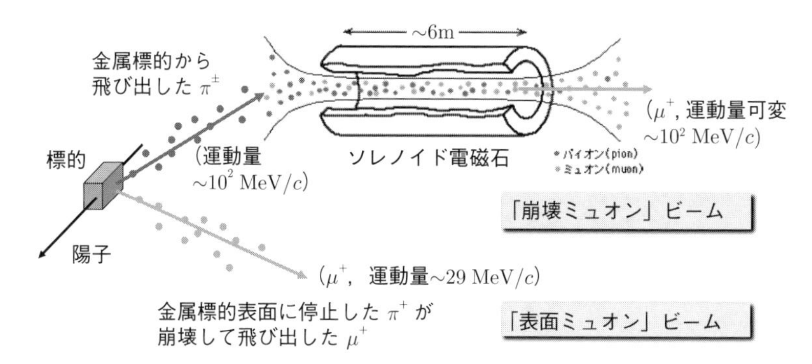

図 3.4 (上) 標的から放出されるパイ中間子 ($\pi^\pm$) をソレノイド磁場で閉じ込め, 飛行中に自然崩壊で生成するミュオンを実験室へと導く (崩壊ミュオン). (下) 標的の**表面**で静止した正の電荷を持つパイ中間子の自然崩壊により得られるミュオンを取り出し, 実験室へと導く (表面ミュオン).

このようなエネルギーのパイ中間子が真空中に取り出されると, 平均寿命 26 ns の間に $0.3\,(\mathrm{m/ns}) \times 0.4 \times 26\,(\mathrm{ns}) \simeq 3$ m ほどを飛行することができる.

そこで, まずこのようなパイ中間子をビームとして生成標的から引き出し, それがビームラインで輸送される間に自然崩壊することにより得られるミュオンビームを「崩壊ミュオン (decay muon)」と呼び習わしている. 具体的には, 標的から放出されたパイ中間子のうち, 適当な運動量を持つものを偏向電磁石で選び, それらを図 3.4 に模式的に示されるようにソレノイド磁場中に入射して閉じ込めながら 5~6 m 飛行させる. 前述のように, 核反応で得られるパイ中間子の飛行距離は平均 3 m 程度なので, その倍の長さのソレノイド中ではパイ中間子の 80~90%がミュオンに変化する.

この方法のメリットは, 正・負どちらの電荷を持つミュオンも (ビーム輸送用電磁石の極性を逆転するだけで) 同じように取り出すことができる点である. また, ソレノイドに入射するパイ中間子の運動量と取り出されるミュオンの運動量をうまく選ぶことで, ほぼ任意の運動量・エネルギーのミュオンを取り出して実験に用いることができる. 一方, 欠点としては, もともとのパイ中間子の運動量・エネルギーの分布が大きいため, ビームが 3 次元的に広がりやすい点が挙げられる.

そこで, このような崩壊ミュオンの欠点を補うために考案されたのが, 生成標的の表面近傍に静止したパイ中間子から放出されるミュオンをビームとして取り出す方法で, 得られるミュオンは「表面ミュオン (surface muon)」と呼ばれる．もともとパイ中間子の崩壊は2体崩壊なので，表面ミュオンの運動量・エネルギーはほぼ単色であるという大きなメリットを持つ．もちろんその代償として，得られるミュオンビームの運動量・エネルギーが固定であること，さらにこの方法は正ミュオンのみに有効であるという欠点を持つ．後者は，標的内部に静止した負のパイ中間子がただちに標的物質の原子核とのクーロン相互作用で束縛状態となり，原子遷移で深い軌道に達したところで核吸収反応，例えば

$$\pi^- + {}^{A}_{Z}\mathrm{N} \rightarrow {}^{A}_{Z-1}\mathrm{N} + \gamma \tag{3.18}$$

といった反応（ここで γ はガンマ線）を起こして消滅することによる．原子遷移，核吸収反応のいずれも 10^{-9} s 以下の短時間で起きるため，静止した負のパイ中間子が自由にミュオンへと崩壊できる時間はほとんどない．

表面ミュオンビーム

ここで簡単な相対論的運動学の復習を兼ねて，静止したパイ中間子の自然崩壊で放出されるミュオンの運動エネルギーと運動量の大きさを見ておこう．以下では光速度 $c = 1$ という単位系を用いる（こうすると光速度を省略できるので便利である．運動量に c，質量に c^2 を乗じれば元の単位系に戻すことができる）．**パイ中間子の静止系**では崩壊前後の粒子の4次元運動量は

$$\vec{p}_\pi = (m_\pi, 0), \tag{3.19}$$

$$\vec{p}_\mu = (E_\mu, \mathbf{p}_\mu),\ \vec{p}_\nu = (E_\nu, \mathbf{p}_\nu), \tag{3.20}$$

と表現できる．ここで m_π はパイ中間子の静止質量，E_μ，$\mathbf{p}_\mu$ はミュオンのエネルギーと運動量，E_ν，$\mathbf{p}_\nu$ はニュートリノのエネルギーと運動量である．これらを用いて崩壊前後のエネルギー・運動量保存は

$$(\vec{p}_\pi)^2 = (\vec{p}_\mu + \vec{p}_\nu)^2, \tag{3.21}$$

$$\mathbf{p}_\nu = -\mathbf{p}_\mu \tag{3.22}$$

と書き表され，ニュートリノの質量を $m_\nu \simeq 0$ とすると

$$\begin{aligned} m_\pi^2 &= (\vec{p}_\mu)^2 + 2\vec{p}_\mu\vec{p}_\nu + (\vec{p}_\nu)^2 \\ &\simeq m_\mu^2 + 2(E_\mu p_\mu + p_\mu^2) \end{aligned} \tag{3.23}$$

となる．これを（$E_\mu^2 = m_\mu^2 + p_\mu^2$ の関係を使って）p_μ について解くと，

$$p_\mu \simeq \frac{m_\pi^2 - m_\mu^2}{2m_\pi} = 29.4\,(\mathrm{MeV/c}) \tag{3.24}$$

$$T_\mu \equiv E_\mu - m_\mu \simeq \frac{m_\pi^2 + m_\mu^2}{2m_\pi} - m_\mu = 4.2\,(\mathrm{MeV}) \tag{3.25}$$

となる．

崩壊ミュオンビームとスピン偏極の関係

パイ中間子の崩壊によってミュオンが生成されるときに，ミュオンのスピンは進行方向に100%偏極していることはすでに述べた通りであるが，これはパイ中間子の静止座標系で見た場合にのみ正しいことに注意しなければならない．

これを具体的に見るために，崩壊ミュオンビームラインを想定し，π^+ が $\vec{p_\pi} = (E_\pi, p_\pi, 0, 0)$ という運動量を持って飛行中に崩壊する場合を考えよう．まず π^+ の静止系で自然崩壊により $\vec{p_\pi}$ と逆向きの $\vec{p_\mu} = (E_\mu, -p_\mu, 0, 0)$ という運動量を持った μ^+ が生成されたと仮定する．この場合 μ^+ は $\vec{p_\mu}$ と反平行なスピン偏極を持つ（ヘリシティ $= -1$，図 2.3 参照）．次に，崩壊後の状況をローレンツ変換により実験室系に移すと，

$$\beta_\pi = \frac{p_\pi}{E_\pi},\ \ \gamma_\pi = \frac{1}{\sqrt{1-\beta_\pi^2}} \tag{3.26}$$

として

$$\vec{p'_\mu} = \begin{pmatrix} E'_\mu \\ p'_\mu \\ 0 \\ 0 \end{pmatrix} = \begin{pmatrix} \gamma_\pi & \beta_\pi\gamma_\pi & 0 & 0 \\ \beta_\pi\gamma_\pi & \gamma_\pi & 0 & 0 \\ 0 & 0 & 1 & 0 \\ 0 & 0 & 0 & 1 \end{pmatrix} \begin{pmatrix} E_\mu \\ -p_\mu \\ 0 \\ 0 \end{pmatrix} \tag{3.27}$$

となり，μ^+ はスピンの向きを変えることなく運動量

$$p'_\mu = \gamma_\pi(-p_\mu + \beta_\pi E_\mu) = \gamma_\pi(-p_\mu + \frac{E_\mu}{E_\pi}p_\pi) \tag{3.28}$$

を持つ．このとき $\frac{E_\mu}{E_\pi}p_\pi > p_\mu$ であれば $p'_\mu > 0$ となり（そうでなければビームとして取り出せない），μ^+ は静止系と運動方向が逆転し，$\vec{p'}_\mu$ に対して平行な偏極を持つ（つまりヘリシティ $= +1$ と逆転する）ことがわかる．このようにパ

イ中間子の運動方向と逆向きに放出されたミュオンを後方ミュオン (backward muon)，同方向に放出されたミュオンを前方ミュオン (forward muon) と呼ぶ．前方ミュオンが静止したパイ中間子からのミュオンと同じスピン偏極（ヘリシティ）を持っていることは言うまでもない．実際には π^+ の崩壊は静止系で 3 次元空間について等方的に起きるので，崩壊ミュオンビームのスピン偏極度は運動量によって -100%から 100%まで大きく変化することになる．

なお，パイ中間子やミュオンの運動量を選別する場合，通常は偏向電磁石のみが使われるが，この場合には同じ運動量を持つ他の荷電粒子も質量の別なく輸送される [p.45，脚注 3) を参照]．一般的にミュオンを取り出すビームラインでは，核反応で生成された他の荷電粒子（主には $e^{\pm}$）も輸送されてくると考えてよい．崩壊ミュオンビームでは，得られるミュオンの運動量を入射パイ中間子の運動量と異なる値に選ぶ（これは大きなスピン偏極を得ることとも整合する）ことで，実験室への不必要な荷電粒子の輸送をある程度押さえることが可能である．

スピンローテーター

一方，表面ミュオンビームでは輸送されるべきビームの運動量は一定で (= 29.4 MeV)，このような手法が使えないので，ビームラインの途中に静電場と磁場を組み合わせた粒子選別器 (Wien filter) を組み込む必要がある．粒子選別器の動作原理は，粒子線の軌道（z 方向）に垂直な電場（y 方向）を印加することで質量の違いにより軌道を分けるとともに，電場とは逆向きに軌道を曲げる磁場（x 方向）を印加することで，取り出したい粒子だけが元の軌道を保つようにする，というものである．ここで重要なポイントとして，電場はスピンに作用しないが磁場はスピンを回転させるので，このような粒子選別器を通過したミュオンビームのスピン偏極は，一定の角度だけビーム軌道方向から傾くことになる．したがって，この原理を応用すればミュオンの運動方向とスピン偏極のなす角を自由に変化させることができ，電場と磁場の値を選ぶことで運動方向（ビーム方向）に垂直なスピン偏極を持たせるというもう 1 つの機能を果たすこともできる．このようにデザインされた粒子選別器をスピンローテーター (spin rotator) と呼ぶ．

オズマ問題への解答

再び唐突だが，ここで前章で紹介したオズマ問題のことを思い出してもらおう．物質世界において，表面ミュオンが正電荷を持つミュオンでしか得られないことを考えると，我々はいよいよオズマ問題に対するリアルな解答を用意できることがわかる．宇宙の彼方の異星人に対して「左巻き」を伝えるには以下のような実験を行ってもらえばよい．

1. まず質量，長さ，時間といったスカラー量の基本単位についてその定義を伝え，共通の単位系を確立する．
2. 高エネルギー粒子加速器を作り，陽子と同じ重さの荷電粒子を加速，その粒子ビームを適当な軽元素でできている標的に照射してもらう．
3. その標的から放出される荷電粒子のうち，運動エネルギーが 4 MeV，平均寿命がおよそ 2.2 μs の粒子を同定してもらう．→これが正電荷を持つミュオン（反粒子）と定義される．
4. 正ミュオンは運動方向と逆向きのスピン角運動量を持っていることを先方に伝え，これが弱い相互作用によるパリティ非保存によること，また弱い相互作用で反粒子 μ^+ が持つヘリシティを -1（＝左巻き）と定義することを伝える．

というわけで，未来のオズマ姫にこの答えを託すことにしよう．

3.5 ミュオンビームと物質の相互作用

ミュオンビームと散乱・回折実験

エックス線（放射光）や中性子といった量子ビームは，基本的に散乱あるいは回折現象を利用して物質の状態を探ることに用いられる．一方，ミュオンの場合には，調べたい物質中にミュオンを一旦注入・停止させ，そのスピン偏極の時間変化からミュオンが止まっている位置で見た物質の状態を知る，という手法（ミュオンスピン回転法）が一般的である．このような手法上の大きな違いはどこから来るのであろうか？

まずは実験的な制約として，利用可能なビームとしての強度（単位面積，単位時間あたりの粒子数）に大きな違いがあることが挙げられる．それぞれ若干定義が異なるものの，散乱・回折実験に適したエネルギーを持つエックス線（放射光）や中性子線の強度は最低でも 10^8 個/s，先端の大型施設では 10^{12}〜10^{18} 個/s といった大きな数になる．一方，ミュオンはどうかというと，世界の 4 大ミュオン施設においても実験に供されるミュオンの数は今のところ $10^5 \sim 10^8$ 個/s という程度である．通常の散乱・回折実験では，物質中の原子と1回だけ散乱された粒子を信号として捉える（他はすべてバックグラウンドノイズとなる）ので，ビームのほとんどは無駄になることを覚悟しなければならず，現状のミュオンビーム強度ではそのような用途に使うにはまだ不足であると言える．

さらに，ミュオンの最大の特徴であるスピン偏極を活かそうとした場合，その崩壊時に放出されるベータ線の空間的な非対称度を測ることでミュオンの偏極度を知ることができるわけだが，この測定を行うためにはミュオンを一旦何かの物質中に静止させる必要がある．なぜならミュオンの平均寿命は $\tau_\mu \simeq 2.2$ μs と比較的長く，例えば 4 MeV と比較的小さな運動エネルギーを持つミュオンでもその速度は $v_\mu \simeq 0.27c$ と光速度の 27%に達し，真空中では平均寿命の間に $v_\mu \tau_\mu \simeq 180$ m という長い距離を飛んでしまう．つまり，散乱されたミュオンの偏極を，飛行中のベータ崩壊によって測定することは極めて非効率な実験となるからである．それならば，始めから調べたい物質中にミュオンを止めてそのスピン偏極の変化をベータ崩壊の時間変化で追いかける方がはるかに効率的である．幸いにして，ミュオンのベータ崩壊で放出される電子・陽電子の運動エネルギーは平均で約 30 MeV と高エネルギーで，物質中の透過力が極めて高い．したがって，ミュオンを試料中奥深くに止めても電子・陽電子の試料による自己吸収はほとんど問題にならず，バルク敏感な測定を行うことにも適している．

というわけで，ミュオンスピン回転法では，(1) 調べたい物質に如何にミュオンをうまく停止させるか，および (2) 停止直後のミュオンの微視的な状態がどうなっているか，が実験技術上の重要な問題となる．以下でこれらの問題を順に考えてみよう．

物質中での減速過程

本章のはじめに紹介したように，現在ミュオン施設で供されているミュオンビームは大きく分けて2種類あり，1つは運動エネルギー固定の「表面ミュオン」ビーム，もう1つは運動エネルギー可変の「崩壊ミュオン」ビームであるが，いずれも $10^1 \sim 10^2$ MeV という比較的高エネルギーを持つ荷電粒子ビームである（なお，後ほど紹介するように，スイスのポール・シェラー研究所では $10^0 \sim 10^2$ keV という低エネルギーのミュオンビームも利用可能になっている）．

一般に，電子以外の重い荷電粒子が高エネルギーで物質に照射されると，当該

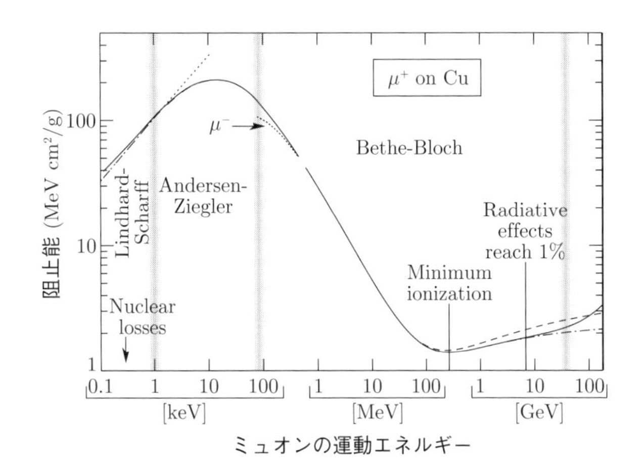

図 **3.5** 金属銅中の阻止能（理論モデルによる計算値 [2]）．運動エネルギーの大きさによりエネルギー損失の機構は大まかに 1) $T \leq 10^{-3}$ MeV，2) $10^{-3} \leq T \leq 10^{-1}$ MeV，および 3) $10^{-1} \leq T$ MeV の 3 つの領域に分かれる．1) はミュオンの運動速度が価電子帯の電子のそれより遅い領域，3) はベーテ-ブロッホの理論でよく記述される領域，2) はその中間で，半経験的な式で内挿される領域である（10 GeV 付近の Radiative effect とは制動輻射，対生成，光核子反応などの寄与を指し，このエネルギーで全体の 1%程度になることを示している）．

粒子は主に対象物質中の原子をクーロン散乱により電子励起・イオン化することで運動エネルギーを失って減速していく．荷電粒子のエネルギーが電子励起エネルギーを下回るようになると，それ以降は弾性散乱が支配的になり，徐々にエネルギーを失って最後には格子間位置のどこかに停止すると考えられる．ある運動エネルギー T を持った荷電粒子が物質中で単位距離を移動するときに示すエネルギー損失 $(-\frac{dT}{dx})$ を，その物質の阻止能 (stopping power) と呼び，停止する（$T = 0$ となる）までに移動する距離を物質の密度で規格化した値を飛程 (range) と呼ぶ．図 3.5 に電子励起・イオン化過程が支配的な $10^2 < T < 10^8$ eV の領域でミュオンに対する金属銅の阻止能を理論的に見積もった例を示す [2]．

当然のことながら，ミュオンに対する阻止能や飛程は，ミュオンの運動エネルギーに加えて対象物質の密度や構成元素の種類に大きく依存する．しかしながら，我々が通常実験で利用するミュオンのエネルギー領域 ($10^1 \sim 10^2$ MeV) では，これらの量をベーテ-ブロッホの理論で精度よく計算できることが知られている．具体的には，阻止能は

$$-\frac{dT}{dx} \simeq K\frac{Z}{A}\frac{1}{\beta^2}\left[\frac{1}{2}\ln\frac{2m_e c^2\beta^2\gamma^2 T_{\max}}{I^2} - \beta^2 - \frac{\delta}{2}\right] \tag{3.29}$$

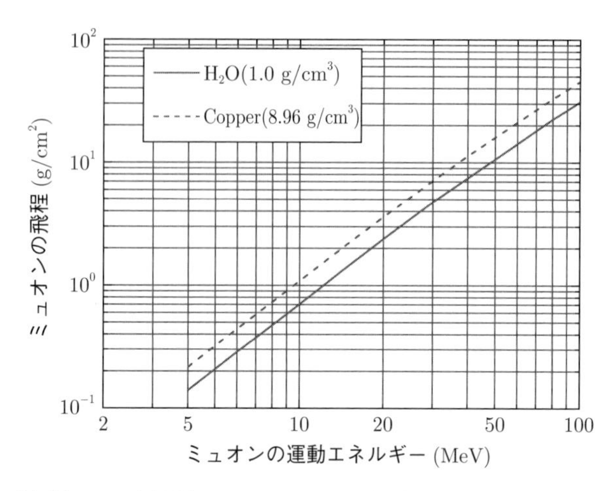

図 3.6　水（液体）および金属銅中のミュオンの飛程（理論モデルによる計算値 [2]）．同じミュオンのエネルギーに対して水より銅の方が長く見えるが，実際の飛距離は飛程を密度で除した値となるため，銅中での飛距離は水中のそれの 6 分の 1 程度と短くなる．

という式で計算される [2]．ここで β，γ はミュオンの運動量 p_μ と全エネルギー E_μ から式 (3.26) と同様に与えられるローレンツ変換の係数，$K = 4\pi N_A r_{\mathrm{e}}^2 m_{\mathrm{e}} c^2$，$N_A$ はアボガドロ数，r_{e} は電子の古典半径，m_{e} は電子質量，Z および A はそれぞれ物質の原子番号と原子量，$T_{\max}$ は自由電子との 1 回の衝突で付与できる最大の運動エネルギー，I は平均の励起エネルギー，δ は電離損失に関わる密度補正を表す．これから，飛程 R は

$$R = -\int_0^T \left(\frac{dT(E)}{dx}\right)^{-1} dE \tag{3.30}$$

で計算される．水（液体）および銅中のミュオンの飛程についての計算例を図 3.6 に示す．

この図の縦軸の単位を見ればわかるように，荷電粒子の飛程は単位密度あたりで与えられるので，実際に粒子が当該物質中で停止するまでに移動する距離（飛距離）d は

$$d = \frac{R}{\rho} \tag{3.31}$$

と，飛程を密度 ρ で除した値として得られる．典型的な場合として，表面ミュオンビーム (4.2 MeV) は $R = 0.140\,\mathrm{g/cm^2}$ であるので，水中 ($\rho = 1.0\,\mathrm{g/cm^3}$) での飛距離は $d = 0.140/1.0 = 0.14\,\mathrm{cm}$ ($= 1.4\,\mathrm{mm}$) となる．実際には，ミュオ

ンが生成標的からビームとして実験室まで輸送されて試料に照射されるまでに，大気と真空槽の境界にある窓材（金属箔など）を何層も通過することになるので，そこでの減速を考慮すると

> 表面ミュオンの試料中での飛距離は $1\,\mathrm{g/cm^3}$ の物質（水）中でおよそ $1\,\mathrm{mm}$

と覚えておけばよい．なお，水より高密度の物質中ではおおまかに密度に反比例して飛距離が短くなる．

3.6 ミュオンビームと放射線損傷

さて，ミュオンビームが物質中で停止するまでの深さは，式 (3.29) で表される電子励起やイオン化過程でほぼ決まっているが，プローブとしてのミュオンを考える場合，むしろ停止直前に何が起きているかを知ることが重要である．電子励起やイオン化により寿命の長い格子欠陥や励起状態が生成された場合，それらが停止したミュオンの近くにあるかどうかはミュオン自身が取る電子状態やそれに伴う内部磁場に影響を与える可能性があるからである．ただし，そのような情報を実験的に得るのは容易ではなく，現在のところは主にモンテカルロ・シミュレーションによる評価が行われている．

例えば半導体中では，ミュオンの運動エネルギーがバンドギャップを下回るようになると，減速過程は弾性散乱が支配的となり，周りの原子を乱すことなく自由運動を続けると考えられる（図 3.7）．この間の移動距離，すなわちミュオンの平均自由行程 (l_μ, mean free path) が，ミュオンの飛跡上で最後に生成された放射線欠陥とミュオンの停止位置との距離の目安と見なしてよいだろう．例としてダイヤモンド，シリコン，ゲルマニウムといった元素半導体について

表 3.2 モンテカルロ・シミュレーションで見積もられた，元素半導体中のミュオンビーム ($T_\mu = 4.2\,\mathrm{MeV}$) の飛距離と平均自由行程 [3].

物質	飛距離 (μm)	平均自由行程 (μm)
C	447	19.3
Si	733	24.4
Ge	406	9.7

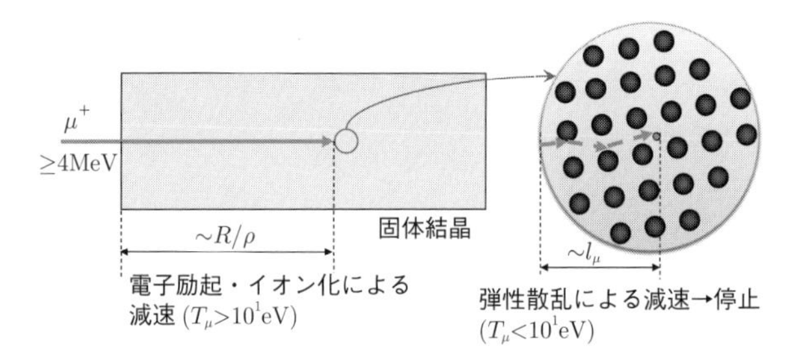

図 3.7　ミュオンが物質に照射・注入されて停止するまでの減速過程の模式図．R/ρ は主に電子励起・イオン化で減速する間の飛距離，l_μ は弾性散乱による飛距離（平均自由行程）を表す．

l_μ を評価した結果が表 3.2 にまとめられている [3]．これを眺めると，これらのなかで一番バンドギャップが小さく ($\simeq 0.67\,\text{eV}$)，l_μ が一番短い Ge のそれが約 $10\,\mu\text{m}$ となっている．つまり，ミュオンの停止位置とミュオン由来の欠陥位置とは十分に離れており，ミュオンがそれ自身による放射線損傷を直接プローブする可能性は極めて低いと予想される．

ただし，伝導帯に励起されたキャリアは高い易動度と有限の寿命を持ち得るので，短時間でミュオン位置までたどり着く可能性がある．実際，これらの物質の高純度結晶中において，特に低温で見られるミュオニウム生成にはこのようなミュオンによる電子励起由来の電子が多少とも寄与していると考えられる．またヒ化ガリウム (GaAs) などでは，ミュオンを注入しながら電場を印加すると，電場の向きや大きさによってミュオニウムの生成確率が変化することが実験的に明らかにされており [4]，「ミュオン停止後の放射分解生成電子との相互作用」が無視できない場合があることを示している．とはいえ，この状況においても，ミュオンが電子を束縛してミュオニウム状態を取るかどうかは電子の起源とは基本的に無関係であり，所与のミュオン位置での局所的な自由エネルギーの大小のみで決まると考えてよい．

以上，ミュオンがビームとして物質中に注入されてから停止するまでの諸々の過程を大まかに眺めてみた．これらをまとめると図 3.7 のようになるだろう．さらに付言しておくと，この程度の運動エネルギーのミュオンが物質中で減速する過程においては相対論的な効果はほとんど効かず，散乱過程はクーロン相互作用のみによるのでミュオンスピンの変化は起こらない．また，固体中でミュオンが停止するまでに要する時間は $10^{-11}\,\text{s}$ 程度と見積もられており，通常の測定条件ではこれによるミュオンの到達時刻（時間原点）の揺らぎは無視できる．一方，試料が気体の場合には，阻止能が何桁も小さくなることから，ミュオンが照射されてから停止までに 1 ns〜1 μs といった有限の時間がかかる場合があることも知られている．

3.7 ミュオンビーム冷却

静止したパイ中間子の崩壊で得られる表面ミュオンは，エネルギーが $T_\mu = 4.2$ MeV と比較的低い上にほぼ単色であることから，調べたい物質に注入・停止させる上で崩壊ミュオンよりも有利であり，μSR 実験の大部分は表面ミュオンビームを用いて行われている．しかしながら，対象物質が薄膜 (< 1 μm) である場合，表面ミュオンといえどもほとんど透過してしまうので実用にならない．また，ビーム輸送路の途中に減速材を入れて T_μ を調節しようとすると，T_μ が下がる代償としてその分散 ΔT_μ が大きくなり，結局試料に注入・停止できるミュオン数が増えない，という難点がある．

そこで，表面ミュオンを何らかの方法で一旦運動エネルギーが限りなくゼロに近い状態まで大きく減速し，それを再加速することで ΔT_μ が小さな低エネルギーミュオンビームを得る工夫がなされてきた．その 1 つが固体希ガスを減速材として用いる方法で，2000 年前後にスイスのポール・シェラー研究所 (PSI) のミュオン源で実用化されて，今日広く利用に供されている [5]．

固体希ガス中においては，単原子のイオン化以外にはほとんど励起モードがなく，減速の結果として荷電粒子の運動エネルギーが希ガス原子の第一イオン化エネルギー以下になると後は弾性散乱による緩やかな減速となり，前述の平均自由行程がアルカリハライドなどのワイドギャップ絶縁体中のそれに比べても相当長くなると予想される．実際，1990 年代までの研究で，真空中に置かれた固体アルゴン（第一イオン化エネルギー $\simeq 16$ eV）に照射された表面ミュオンのうち，10^{-5}〜10^{-4} 程度が $T_\mu \approx \Delta T_\mu \simeq 10^2$ eV という運動エネルギーで真空中に再度放出されることが発見され，PSI ではこうして得られる「低エネルギーミュオン (Low Energy Muon)」を静電場で再加速することで 0.5 〜30 keV のエネルギー可変なビームを実現した．図 3.8 a), b) に低エネルギーミュオンを用いた最近の研究例を示す．この例では銅酸化物薄膜に深さを変えながらミュオンを注入し，超伝導状態では深くなるほどマイスナー効果により磁場が小さくなる様子を観測している．

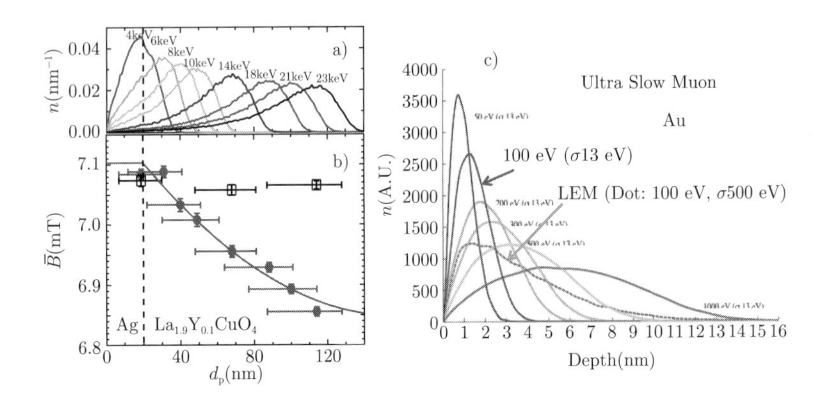

図 3.8　PSI の低エネルギーミュオンを銅酸化物薄膜（厚さ ∼275 nm，表面に 20 nm の銀コーティング）に照射したときの各ビームエネルギーにおける a) ミュオンの停止位置分布，および b) 対応する内部磁場 $\overline{B}$ の深さ分布 [6]．高温 (□) では $\overline{B}$ は深さによらず一定だが，超伝導転移温度以下 (●) ではマイスナー効果により $\overline{B}$ は深くなるほど減少する．c) 超低速ミュオンで期待される金（Au，密度 $\simeq$19.3 g/cm^3）中のミュオン停止位置の深さ分布．比較のためにビームエネルギーが 100 eV の場合について低エネルギーミュオン (LEM) の停止位置分布も示されている．

なお，日本国内では現在 J-PARC で高温タングステンを減速材に用いて PSI よりもさらに ΔT_μ が桁違いに小さな「超低速 (usltra slow)」ミュオンビームを実現すべく開発研究が行われている．これは，約 2000 K の高温に加熱したタングステン薄膜にミュオンを注入・停止すると，そのうち数%が固体内拡散で表面に到達し，電子を 1 個束縛して中性化したミュオニウム状態で真空中に放出される，という現象を利用する．ただし，ミュオニウムのままでは再加速ができないので，レーザー共鳴イオン化によりミュオンの状態に戻してから再加速する．いずれにせよ，この方法で得られるミュオンの運動エネルギーはほぼタングステンの温度に相当するボルツマン分布に従っており，その分散は $\Delta T_\mu \simeq 0.2$ eV と PSI の低エネルギーミュオンより 3 桁も小さい（ただし，一旦ミュオニウム状態を経由するためミュオンの初期偏極は 50%と半分になる）．図 3.8 c) に期待される金中のミュオンの注入深さ分布を示す [5]．

このように ΔT_μ が小さくなると，これを再加速することで今度はビーム径を 10 μm 程度にまで絞り込むことも可能になり，従来 μSR の研究対象にならなかったような微小な単結晶試料での実験もできるようになると期待される．

---

[5] ここで超低速ミュオンのエネルギー分布幅が 13 eV とされている理由は，共鳴イオン化時のレーザー光の空間分布などを考慮してのもの．

第4章 物質中に停止直後のミュオンの状態

物質に照射されたミュオンがどのように周りの原子と相互作用しながら減速していくかがおよそ理解できたところで，今度は停止した直後（時刻ゼロ）にミュオンがどういう状態にあるのかについて詳しく見てみよう（ここから先，特に断らない限り「ミュオン」とは正電荷を持つ μ^+ を意味する）．

電磁気学の教科書では「試験電荷」という概念がしばしば用いられる．これは，例えば「電場 E が存在する空間に試験電荷 q を置くと qE の力を受ける」というふうに用いられ，電気力学を考える限りにおいては電荷 q（点電荷）による E の変化を無視できることを表している．しかしながら，実際には q によって局所的な電場は変化しており，q に近い場所では E とはまるで異なる電場になっている．物質中で静止したミュオンについても同様で，その電荷 e^+ に伴って周りの原子に影響を及すことが知られている．本章ではそのような周囲の変化も含めたミュオンの存在状態がどのようなものかについて概説する．これを読むことで，第1章に呈示した「μSR によって何がわかるのか」という問いに対し，水素のシミュレーターとしてのミュオンがもたらす情報についての答えが得られるだろう．

なお，ミュオンのスピン偏極はこの瞬間 [1] を時刻の原点として時の経過とともに変化し，最終的に自身と周りの状況を我々に伝えてくれるわけだが，これについては第5章で詳しく取り上げる．

---

[1] μSR 法では，ミュオンスピン偏極の時間変化をミュオン注入・停止後 10〜20 μs という時間窓で観測するが，その時間分解能は最高でも 0.3 ns（ナノ秒）程度である．ミュオンが注入されて停止するまでの時間も固体中では 10^{-11} s 以下と考えられているので，ミュオンにとっての「瞬間」とは 10^{-9} s 以下の時間スケールと考えればよい．

4.1 結晶格子とミュオンの相互作用

第2章（表2.3）でも示したように，ミュオンの静止質量を陽子，電子のそれと比べると

$$\frac{m_\mu}{m_\mathrm{p}} = 0.1126$$
$$\frac{m_\mu}{m_\mathrm{e}} = 206.77 \tag{4.1}$$

と，陽子に対してはちょうど約1桁，電子に対しては2桁以上の違いがある．つまり，同じ運動エネルギーを与えられた場合，物質を構成する最も軽い原子である陽子よりは多少動きやすいが，電子に比べればはるかに運動速度は遅く，ほぼ静止しているに等しい．したがって，ミュオンから眺めた物質は，結晶格子点上の正電荷を帯びた原子核と，それを一部静電遮蔽している閉殻電子によって作られる周期的な静電ポテンシャルという舞台であり，基本的にそのポテンシャルエネルギーが最小となる位置に落ち着くと予想される．

特に金属中の場合には，ミュオン自身の電荷も伝導電子により静電遮蔽を受けるため，ミュオニウムのような水素原子状態を形成せず，周りの原子との共有結合も作らない．そのため，このような比較的単純な描像（＝ハートレーポテンシャル中に置かれた単電荷）で半定量的にも理解できることが知られている．

ただし，量子力学の不確定性原理により，最低エネルギー状態はいわゆる零点振動 (zero-point motion) を伴っている．この状況を図4.1 a) のように調和振動子で近似すれば，粒子の質量 M に対して零点振動エネルギー E_0 は $1/\sqrt{M}$ に比例する．ミュオンの 質量が陽子の約9分の1であることを考えると，同じ状況にある陽子の E_0 の値に比べてミュオンのそれは約3倍となる．これは，例えば隣接する等価な位置との間に有限な高さのポテンシャル障壁がある場合，ミュオンは陽子に比べて障壁を乗り越えるために必要な励起エネルギーが小さくてすむことを意味する．このことも含め，ミュオンの**動的な性質**は大きな同位体効果を受けるので，その点に注意を払う必要がある．

一方，図4.1 b) のように，ミュオンが電子を束縛してミュオニウム（Mu）を形成した場合，その**電子状態**は対応する水素原子とほぼ同じであると見なせる．なぜなら，ミュオニウムと水素原子では $1s$ 軌道電子が持つ換算質量 (reduced mass) の違いが 0.5%程度に過ぎず，前者は化学的には水素原子とほとんど違

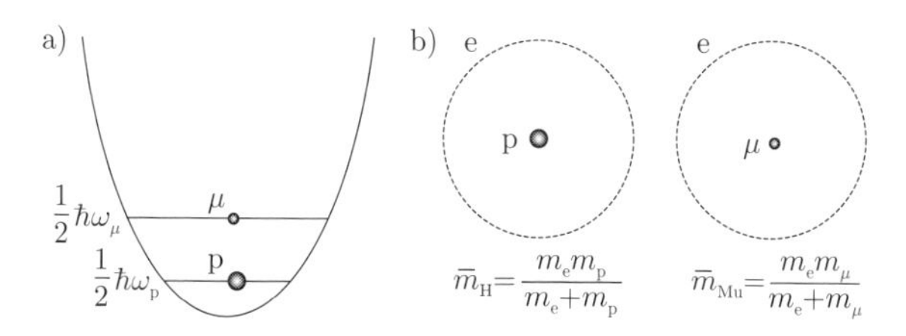

図 4.1　a) 1 次元調和振動ポテンシャル中でのミュオンと陽子の零点振動エネルギー．力の定数を k として，振動数はそれぞれ $\omega_p = \sqrt{k/m_p}$，$\omega_\mu = \sqrt{k/m_\mu}$ となり，ミュオンは陽子の 3 倍程度のエネルギーを持つ．b) ミュオン，陽子がそれぞれ電子を 1 つ束縛した原子になった場合の電子状態の換算質量．ミュオニウムのそれ ($\overline{m}_{Mu}$) は水素原子より約 0.5%小さいのみで，原子としてはほとんど同じに見える．

いがないからである．このため，物質中の陽子／水素の「電子状態 (electronic state)」が興味の対象となるような系においては，その物質に注入された同位体としてのミュオン／ミュオニウム自身の状態を研究することにより，水素の電子状態の微視的な情報を得ることができる．

実際，例えば半導体やイオン結晶中に注入されたミュオンは格子間位置 (interstitial site) でミュオニウムを形成するが，これらの状態はほぼ例外なく同じ条件下で水素が取る状態（不対電子を持つ欠陥中心 defect center なので常磁性中心とも呼ばれる）と等価であることが知られている．また，酸化物中では往々にして OH 結合に相当する Oμ 結合を形成することも経験的に知られている．

以下では，ミュオンの位置 (site) およびその電子状態がよく調べられている例をいくつか紹介し，次章へのイントロダクションとしよう．

4.2　金属中のミュオン

第 1 章でも少し触れたように，ミュオンを用いた物質研究の歴史において金属の研究はその初期に大変重要な役割を果たした．ミュオンが登場するはるか以前から，金属中の水素は材料科学の大きなテーマの 1 つであり，水素脆性から始まって，水素吸蔵合金，金属触媒における水素など，今日的な課題に直結する問題も少なくない．特に金属中での水素の拡散についての知見を得ることはこれらに共通する重要課題であり，それを調べるためのさまざまな実験手法が開発されてきた．水素の軽い同位体であるミュオンの利用もその自然な延長として始まったと考えられる.

金属-水素系の研究においてミュオンを利用する最大のメリットは，対象物質が持つ水素の固溶限界に制限されない点である．特に水素をわずかしか固溶しない金属では通常の測定手法で水素を捉えることが困難であるが，イオンビームとして注入されたミュオンは対象物質によらずほぼ同じ感度で自身の状態，例えば単位格子中で最も安定な水素同位体のサイトはどこか，といった情報を知らせてくれる．また，一度に試料に注入されるミュオンの数（パルス状ミュオンビームでも最大で 10^5 個程度）を考えればわかるように，ミュオンの「濃度」は希薄限界にあり，ミュオンどうしの相互作用を考える必要がない，すなわち水素を比較的大量に固溶した状態とは逆の極限である孤立した格子間水素の状態についての情報を与えてくれる.

一方，その拡散といった動的性質については，前述のように大きな同位体効果を伴っているので，ミュオンの拡散がただちに水素/陽子のそれを模擬しているわけではない．しかしながら，同位体効果という点に注目すれば，その軽い質量ゆえに大きな効果が期待できる，という別の興味が湧く．実際，金属中のミュオンの拡散，特にその量子効果については大変興味深い現象が知られている．ここでは単純金属中のミュオンサイトの問題に加え，ミュオンを用いることで研究が大きく進展した「量子拡散 (quantum diffusion)」についても紹介しよう.

ミュオンサイト

金属結合は原子間相互作用のなかでも比較的単純で，主に最外殻 s 電子を結晶全体で共有することにより実現することから等方的である．したがって，結晶構造もほぼ面心立方格子構造，体心立方格子構造，六方最密充てん構造のいずれかに限られる.

金属中に置かれたミュオンは，伝導電子による遮蔽を受けつつ，正電荷を帯びた格子点上のイオン核からのクーロン反発を受けると考えられ，イオン核から等距離離れた格子間位置がクーロンポテンシャルの極小になる．そのような条件を満たすサイトは，面心立方 (face-centered cubic, fcc) 格子と六方最密充填 (hexagonal close-packed, hcp) 格子では八面体中心と四面体中心，体心立方 (body-centered cubic, bcc) 格子では八面体中心であり，ミュオンもこれらのいずれか，あるいは両方を占有する．それぞれの位置を図 4.2 に示す.

ミュオンが格子間位置に入った結果として，その周辺の格子はある程度歪む

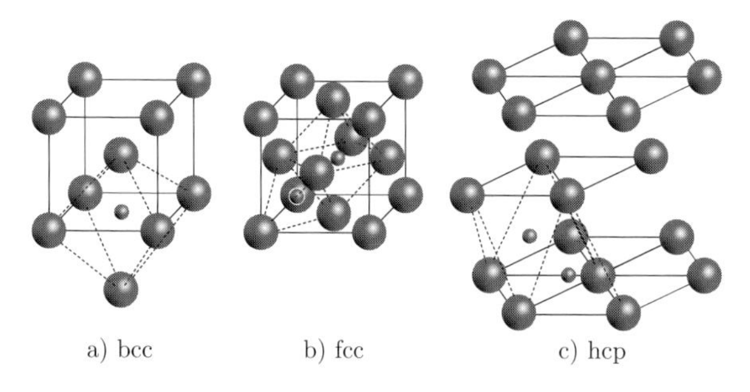

図 4.2 結晶構造とミュオンサイト．a) 体心立方格子 (bcc)，b) 面心立方格子 (fcc)，および c) 六方最密充填 (hcp) 格子．fcc および hcp 格子では八面体中心に加えて四面体中心もミュオンサイトの候補となる．

ことも知られている．例えば銅（fcc 格子）の場合，ミュオンは主に八面体中心のサイトを占めるが，これにより最隣接にある銅原子は外側に向かって約 5%押し出される [7]．これはスモール・ポーラロン (small polaron) と呼ばれる状態に対応し，イオン結晶中で強い電子格子相互作用により局在した電子の状態としても知られている．格子の歪みに伴う弾性エネルギーの上昇よりも，それによるクーロンエネルギーの利得が大きい場合には，ポーラロン状態を作ることで全体として自由エネルギーが下がる，すなわちミュオン位置でのポテンシャルが深くなるとともに，局所的に並進対称性を破ることになる．この状況は格子間位置にある陽子についても同様であり，金属中の水素同位体は基本的にスモール・ポーラロン状態として局在している（＝自己束縛状態，self-trapped state）と考えてよい．

格子間位置で局在したミュオンは，その正電荷による電場勾配 q を周りの原子に及ぼす．前述の銅の例では，銅の原子核が持つ電気四重極モーメントとこの電場勾配との相互作用の大きさから $q = 0.27(15)$ Å^{-3} と見積もられている [2)]．ただし，この値は伝導電子による静電遮蔽効果も込みの値なので，単電荷としてのミュオン（陽子）が作る電荷はこれとは大きく異なっていると考えられている．例えば，コーン-ヴォスコによって見積もられた静電遮蔽による強調因子 α (enhancement factor) は銅中で 25.6 とされており，引用した q の値をこれで除すと $q_{\mathrm{corr}} = q/\alpha \approx 0.01$ Å^{-3} と，一桁以上小さくなる [7]．いずれにせよ，金属中でのミュオンの電荷による局所的な電場勾配が，金属そのもののバルクな

[2)] 電荷 e が作るポテンシャル V は，$V \propto e/r$ と距離 r に反比例する．電気四重極との相互作用を与える電場勾配 q は V の空間変化の 2 階微分であることから，r^{-3} の次元を持つ．

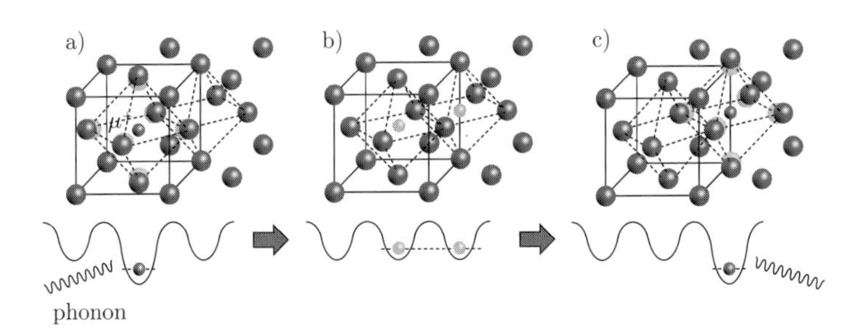

図 4.3 フォノン介助トンネル機構によるミュオンの運動. a) スモール・ポーラロン状態のミュオンが, b) フォノンを吸って並進対称性を回復し, トンネル効果で隣接サイトへ移動, c) フォノンを放出して元のスモール・ポーラロン状態に戻る.

物性を左右することはないと考えてよいだろう.

ミュオンの拡散運動

スモール・ポーラロン状態にあるミュオンの運動機構として, 低温で重要になるのが図 4.3 に示したフォノン介助トンネル効果 (phonon-assisted tunneling) と呼ばれる機構である [8]. これはフォノンが関わる 2 次過程で, スモール・ポーラロンがフォノンを吸収して格子歪みが解消することで並進対称性が一時的に回復し, この中間状態がトンネル効果で隣接サイトへと移動した後にフォノンを放出する. 一般に格子歪みを解消する（自己束縛を解く）ためのエネルギー (E_a) は, ポテンシャル障壁を超える古典的な熱活性化による運動に必要なエネルギーの数分の 1 以下と小さいので, 室温程度の温度領域での拡散はこの機構が支配的である. もちろん, この機構もフォノン励起を必要とするので拡散係数の温度依存性は熱活性化型 ($D_\mu \propto e^{-E_a/k_BT}$) であり, 低温で静止する傾向は古典的熱活性化運動と同じである.

これに対し, 極めて清浄な物質中では, さらに低温で純粋にトンネル効果のみで起きる拡散運動が知られており, これを量子拡散と呼ぶ. 量子拡散は結晶格子中の原子がトンネル効果のみで 1 つの格子間位置から隣の格子間位置へと拡散的に移動していく現象で, 質量の軽い原子ほど顕著に現れることが知られている [3]. 金属は古くから高純度化への研究が行われている物質の 1 つであり, 量子拡散を研究する上でも格好の舞台を提供してくれるのである.

---

[3] 量子トンネル効果を伴うという点では, 前節のフォノン介助トンネル機構によるミュオンの運動も「量子拡散」の一種と考えられるが, ここではより狭い意味で用いている.

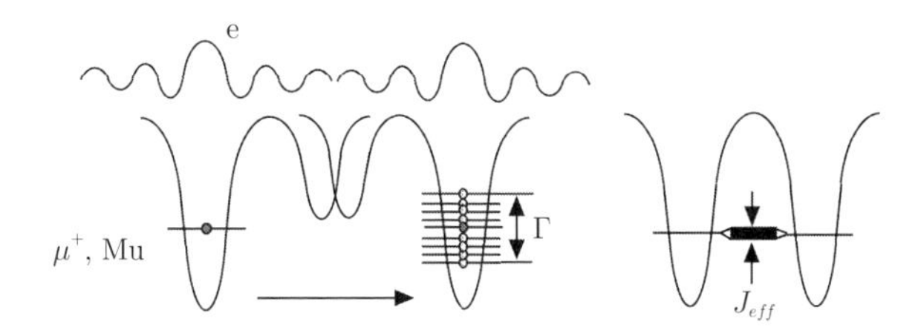

図 4.4 純粋なトンネル効果による隣接サイトへの移動（模式図）．格子や電子分布の歪み（仮想的なフォノンや伝導電子の「衣」）を伴っているスモール・ポーラロン状態（左）は，小さいながらも隣接サイトへの有限なトンネルマトリックス $J_{\rm eff}$ を持つ（右）．このとき，終状態に対する不純物やフォノンによる散乱（エネルギー準位の広がり Γ をもたらす）はトンネル過程を阻害する．

ミュオンに限らず，結晶中に外から持ち込まれた原子は一般にスモール・ポーラロン状態を形成すると考えられる．ポーラロン状態は一見ポテンシャルの周期性を破っているように見えるが，原子がどの格子間位置に移ってもまったく同じ状態を取るという「動的」な意味では周期性が保たれていると見なすことができる．言い換えれば，原子単独ではなくこのようなポーラロン状態としての原子，つまり周りの格子歪み（さらに金属中では伝導電子の遮蔽効果）も含めた複合状態全体がコヒーレントにトンネル効果を起こすことは常に可能である (図 4.4)．もちろん，有限の観測時間中にトンネリングが起きるかどうかは移動前後の量子状態を表す波動関数の重なり積分で与えられるトンネルマトリックス (tunneling matrix element, $J_{\rm eff}$) の大きさによるが，質量の軽いミュオンはその平均寿命の間に観測にかかるほど大きい．

純粋なトンネル過程では，移動前後の量子状態の重ね合わせ（コヒーレンス）を壊す要因が少ないほどトンネル確率は高い．そのような要因である不純物やフォノンの散乱による終状態のエネルギー準位の広がりを Γ とすると，量子拡散によるジャンプ頻度は近似的に

$$\nu \simeq \frac{J_{\rm eff}^2}{\Gamma} \tag{4.2}$$

と表され，Γ が小さいほど拡散も高速になることが理論的に予想されている．不純物の効果が無視できるような理想的な結晶中では主に熱励起フォノンによる散乱（この場合 $\Gamma \propto T^\alpha$ と温度の冪乗に比例する）がそれであり，そのために**温度が低いほどトンネル確率が高くなる**のである．図 4.5 に示したように，このような理論的予想はまず高純度 (99.9999%) の銅中のミュオン，ついで塩化カリ

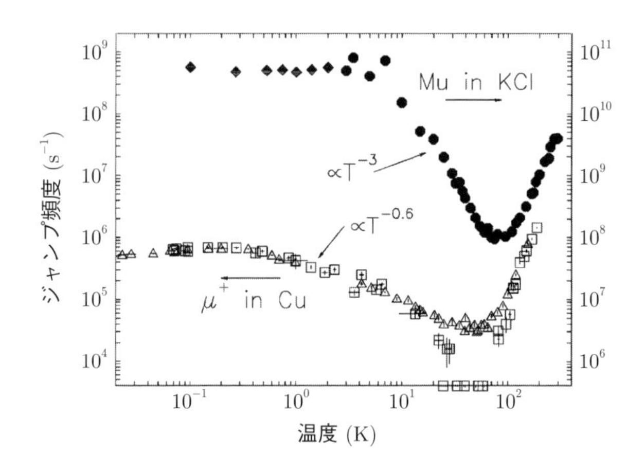

図 4.5　銅中の μ^+ および KCl 結晶中のミュオニウムのジャンプ頻度の温度依存性．低温側で温度の負の冪乗に比例して変化する様子が両対数プロット上の直線として現れている（文献 [9] より）．

ウム (KCl) 中のミュオニウムの拡散（ジャンプ頻度）の測定により実証された．

本節は金属中のミュオンが主題だが，実は金属中の量子拡散はフォノンと伝導電子という 2 つの役者が登場する複雑な系である．そこで，ここではまず絶縁体である KCl 中のミュオニウムの振る舞いを眺めてみよう．50〜60 K を境に高温側ではジャンプ頻度 ν は昇温とともに増大しており，この温度領域では前述のフォノン介助トンネル効果による拡散が起きていると考えられる．ただし，温度を T とすると，図示されている範囲では $\nu \propto T^3$ と，熱活性化型というよりはむしろ温度の冪乗に比例するように見える．一方，低温側では $\nu \propto T^{-3}$ とちょうど逆の冪乗で発散的に増大していく．このような対称的な振る舞いは，両側の温度領域でいずれも 1 個のフォノンとの散乱が支配的であると考えると定性的に理解できることが知られている．

さらに 10 K 程度まで温度が下がると，ジャンプ頻度の増大が抑えられて ~5 K 以下でほぼ温度によらない一定値を取るようになる．これは，ミュオニウムのジャンプ頻度がトンネルマトリックスの大きさ $J_{\rm eff}$ で決まる最大値に到達したことによると考えられている．こうなると，ミュオニウムは結晶中の電子と同じくブロッホ状態に近づき始めたと考えてよいだろう．実際，KCl の温度を ~10 mK という低温にしてミュオニウムの超微細相互作用を詳細に観測することにより，ミュオニウムが自身のエネルギーバンド（$\sim zJ_{\rm eff}$，z は再隣接サイトの数）の基底状態に落ち込みつつある証拠が得られている [10]．これは，結晶のような周期ポテンシャル中で電子以外の粒子が「ブロッホ状態」を取り得ることを実験的に示した最初の例ともなっている．

一方，もう 1 つの例である銅のなかでは，低温でのミュオンのジャンプ頻度の増大は KCl 中のミュオニウムのそれよりもずっと緩やかである．その理由は，ミュオンがトンネル効果で隣接サイトに移動するに際し，格子歪みに加えて伝導電子が絡む効果によりさらにトンネル過程が妨げられるからである．

金属中のミュオンは伝導電子による静電遮蔽を受けるが，これはミュオンの周りで伝導電子の分布が歪んでいることを意味する．遮蔽に寄与するフェルミ面近傍の電子のうち，エネルギーが $J_{\rm eff}$ より小さいものは，ミュオンがトンネル効果で隣接サイトに移動する際に追随して移動することができない．遷移確率の評価では通常この効果を無視する断熱近似が用いられるが，これをきちんと考慮するとミュオンのトンネル運動は妨げられることが示される（これを非断熱効果と呼ぶ）．この場合にも，低温側でのジャンプ頻度は温度の負の冪乗 $T^{-\alpha}$ に比例するが，指数 α は 0 と 1 の間の値を取ることが理論的に示され [11,12]，実験結果ともよく一致している．

なお，ジャンプ頻度は 20～30 mK 付近で頭打ちとなり，さらに低温側では緩やかに減少し始めるが，これは結晶周期ポテンシャルのわずかな乱れなどによる静的な幅 $\Gamma \simeq \varepsilon(\mathbf{r})$ が効き始めるためと理解されている．トンネル過程は乱れに対して敏感であり，実際に市販されている「純銅」試料で実験を行ってもミュオンは 50～60 K 以下で拡散運動を示さない．これは，一般に不純物による幅 $\varepsilon(\mathbf{r})$ が $J_{\rm eff}$ よりはるかに大きいためで，事情は絶縁体中のミュオニウムについも同じである（KCl は数少ない例外の 1 つ）．

最後に，金属中のミュオンの拡散が伝導電子による非断熱効果により抑えられていることを証明する実験として，超伝導を示す金属中でのミュオンの量子拡散について簡単に触れておこう．金属が超伝導転移を起こすとフェルミ面 (E_F) にエネルギーギャップ Δ_0 が開く．これは非断熱効果に寄与している $|E - E_F| < \Delta_0$ の範囲の低エネルギー電子状態が消滅することを意味するが，Δ_0 は $J_{\rm eff}$ より十分大きい場合がほとんどなので，非断熱効果はほぼ完全に減殺されてミュオンは絶縁体中と同じように移動できるようになるはずである．この予想は高純度タンタル中のミュオンについて実験的に確認されており，外部磁場により超伝導をオン・オフすることでミュオンの拡散速度が大きく変化する様子が観測されている [13]．

4.3 半導体・イオン結晶中のミュオン

半導体の電気活性が不純物に極めて敏感であることはよく知られているが，一方で人為的に混入された不純物が予想に反して電気活性を示さないこともあり，その原因として明らかになってきたのが，意図せずに存在していた不純物水素による「不動態化 (passivation)」という現象である．例えば，シリコン中に正孔（ホール）を注入する目的でホウ素を添加した場合，シリコン結晶内で水素とホウ素が出会うと BH 複合体を形成し，ホウ素に伴うアクセプター準位が消失する．つまり，注入したキャリアが隠れた水素により電気活性を失うことになり，意図した導電性が生じないのである．

半導体を材料として応用する上で，キャリア注入による電気活性の制御は死活的に重要であり，水素による不動態化の発見は不純物としての水素の重要性を強く認識させることになった．特にシリコン，ゲルマニウムといった元素半導体中の水素については前世紀に数多くの研究がなされてきたが，そのなかでも**孤立**水素のサイトと電子状態という基礎的な情報を得る上で決定的な役割を果たしたのがミュオン/ミュオニウムの研究であった．金属の節でも触れたように，ミュオンは希薄極限での水素の電子状態のシミュレーターであり，ここでもその特徴が遺憾なく発揮されている．

元素半導体 (C，Si，Ge) の結晶構造はダイヤモンド構造で，格子間位置としては四面体中心（T_d サイトと呼ばれる）が空間的に最も広い．しかしながら，伝導電子による静電遮蔽が有効な金属中とは異なり，水素同位体はホスト原子と共有性の結合を作ることもできる．実際にそのようなサイトとして結合中心 (bond center) サイトが知られている．水素がシリコン中で結合中心サイトに存在し ($\mathrm{Mu_{BC}}$)，しかもそれがバンドギャップ中で浅いドナー準位を形成することは，ミュオニウムの電子状態についての研究によって初めて示された [14]．つまり，水素は他のドーパントと複合体を形成して不動態化を起こすだけでなく，**それ自身がキャリア（電子）供与体となる**ことが明らかになったのである．その様子を図 4.6 に示す．以下で議論するように，ここで常磁性状態（$1s$ 軌道に電子が 1 個だけ入った状態）が安定である理由は，$\mathrm{Mu_{BC}}$ の $1s$ 軌道内でのオンサイトクーロン反発エネルギーが効いているためと理解されている．

μ^+（反磁性状態）に比べると，ミュオニウムではミュオン-電子間に働く超微細相互作用の大小や異方性の測定によりその電子状態を詳細に知ることができ

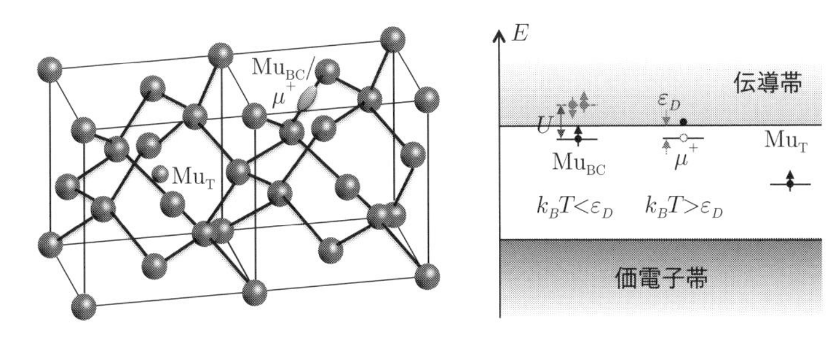

図 4.6 シリコン/ゲルマニウムの結晶構造とミュオンサイト（左図）．Mu_T は四面体中心（T_d サイト），Mu_{BC} は結合中心サイトに対応する．シリコン中での Mu_{BC} に付随した電子状態は伝導帯のすぐ下 (ε_D) にあると考えられており（右図），2 重占有によるオンサイト・クーロンエネルギー U が ε_D より大きいため，絶対零度では電子が 1 個占有しているが，室温ではイオン化している ($Mu_{BC}^+ = \mu^+$)．これに対し，Mu_T は深い準位を形成しており，中性あるいは負に帯電する（フェルミ準位に依存）と考えられている（詳細は次節を参照）．

る，という大きなメリットがある (5.5 節を参照)．例えば，シリコン中の Mu_{BC} の超微細相互作用は結晶の [111] 軸方向に大きな異方性持つことから，この軸に沿って電子密度が異方的に広がっていることが推測されている．

ちなみに，T_d サイトのミュオニウム (Mu_T) は等方的な超微細相互作用を持つが，これに相当する状態は水素では観測されておらず，ミュオンの軽い質量に伴う量子効果より動力学的に安定化された状態であると理解されている [15]．また，高純度の半導体は極めて清浄な物質として量子拡散の格好の舞台となり得るが，実際にシリコンや GaAs 中の Mu_T は低温で量子拡散により高速に拡散していることが実験的にも強く示唆されている [16,17]．

元素半導体についでよく調べられているのが，III-V 族化合物（GaAs，InP など），さらには II-VI 族化合物半導体（CdS，ZnO など）といったワイドギャップ半導体におけるミュオンの状態である．これらについても基本的な状況は元素半導体と同じだが，2 元系であることから結合中心サイトに加えて「反結合 (anti-bonding)」サイトも存在することが知られている．

いずれにせよ，これらの半導体中で水素がホスト原子と結合してバンドギャップ中に浅いドナー準位を形成しやすいこと，つまり水素自身が電子供与体となって n 型伝導を引き起こすという傾向は，ミュオニウムの電子状態の研究からも明らかになっている．その理由の一端として考えられているのが大きな比誘電率による静電遮蔽である．よく知られているように，水素原子の $1s$ 軌道にある電子の束縛エネルギー（リュードベルグ定数 Ry）は，ボーア半径を a_0 として

$$Ry = \frac{\hbar^2}{m_e a_0^2} \tag{4.3}$$

と a_0 の2乗に反比例する．一方，半導体の比誘電率を ε とすると，そのような物質中での水素状原子の $1s$ 軌道半径は誘電遮蔽によって

$$a_\varepsilon = \left[\frac{\varepsilon}{m^*/m_e}\right] a_0 \tag{4.4}$$

となり，誘電率に比例して大きくなる．ここで m^* は当該物質中での電子の有効質量である．したがって，束縛エネルギーは

$$Ry' = \frac{\hbar^2}{m_e a_\varepsilon^2} \propto \frac{1}{\varepsilon^2} \tag{4.5}$$

と誘電率の2乗に反比例することになる．例えば代表的な化合物半導体であるGaAsでは $\varepsilon \simeq 10$ と，誘電率だけを考えても束縛エネルギーは真空中のそれの約100分の1になり，その分電子軌道も大きく広がっている．したがって，一般に誘電率の大きな半導体では不純物水素によって n 型伝導が引き起こされる可能性が高いとも言える．もちろん，金属では $\varepsilon \to \infty$ となり束縛状態を作れないことは前にも触れた通りである．

ワイドギャップという点で究極の組み合わせはI-VII族化合物，すなわちアルカリハライドであろう．アルカリハライドの多くはいわゆる岩塩構造という比較的単純な構造を取り，そのほとんどにおいて注入されたミュオンは四面体中心位置にあるミュオニウムの状態で観測される [18]．実は，アルカリハライド中の水素中心については電子スピン共鳴 (ESR) や電子–核二重共鳴 (ENDOR) によって古くから詳細な研究がなされており [19]，なかでも格子間位置にあるU中心と呼ばれる常磁性水素状態がミュオニウムとほぼ同じ超微細相互作用を示すことから，これが観測されたミュオニウムの状態に対応していると考えられている．このように，ミュオン/ミュオニウムはアルカリハライド中でも水素の電子状態のよいシミュレーターとなっている．

ところで，アルカリハライド中のミュオニウムや水素中心は，真空中のそれとほぼ同じ超微細相互作用を示すことから，$1s$ 軌道電子は周りのアルカリ金属イオンやハロゲンイオンとほとんど相互作用をしていないことがわかる．これについては次節で考察を加えることにしよう．

4.4 遷移金属酸化物中のミュオン

遷移金属酸化物といってもさまざまな物質があり，ミュオンの存在状態を大きく左右する電気伝導性の観点から見ても，絶縁体から金属までさまざまである．これらのなかで，ZnO などのワイドギャップ半導体，あるいは誘電体と分類される 2 元系の物質群に対しては前節での議論がある程度当てはまるものと考えられ，実際にもかなりの数の物質について実験的に確かめられている [20]．そこで見られる傾向として言えることは，

1. ミュオニウム（常磁性状態）として存在する場合には格子間位置でも対称性の高いサイトに存在し，
2. μ^+（反磁性状態）として存在する場合には酸素との結合性を示す，

という傾向である．ここで，対象物質のフェルミ準位がミュオニウムに付随する電子準位より高い状況を仮定すれば，1. においてはミュオニウム（水素同位体）の $1s$ 軌道がよく局在しており，2 個目の電子に対するオンサイトクーロン反発エネルギー U が正でかつ大きいのに対し，2. では水素同位体が OH 結合を形成し，電子が広がる（O の $2p$ 軌道と大きく混成する）ことで $U<0$ となるとともに，2 個の電子が結合性軌道に入ることでスピンが消失すると考えれば理解できる．前者のような例として知られているのが水晶 (SiO_2) 中のミュオニウムであり，その超微細相互作用の大きさは真空中のミュオニウムのそれとほぼ同じで，異方性もほとんどない，つまりホストの SiO_2 との相互作用が小さく，$1s$ 軌道がよく局在していることを示している（元素半導体ではちょうどこれらの中間的な状況にあり，実効的な U は小さく，正にも負にもなり得る）．

このような傾向をある程度体系的に説明する理論として，真空レベルからのバンドオフセットと相関する「水素不純物準位のピン止め」モデルがある．ある物質中で荷電状態 q を持つ水素不純物 H^q が形成されるエネルギー（形成エンタルピー）は，

$$\Delta H^q(\mu_{\rm H}, E_F) = E({\rm host} + {\rm H}^q) - E({\rm host}) - [\mu_{\rm H} + \frac{1}{2}E({\rm H}_2)] + qE_F, \quad (4.6)$$

と表現することができる．ここで $E(...)$ は括弧内に示された系の全エネルギー，$\mu_{\rm H}$ は水素の化学ポテンシャル，E_F はフェルミ準位である [21]（$\mu_{\rm H}$ は H_2 の分解エネルギーの半分のときに [ ] 内がゼロになるよう原点を取る）．最後の項

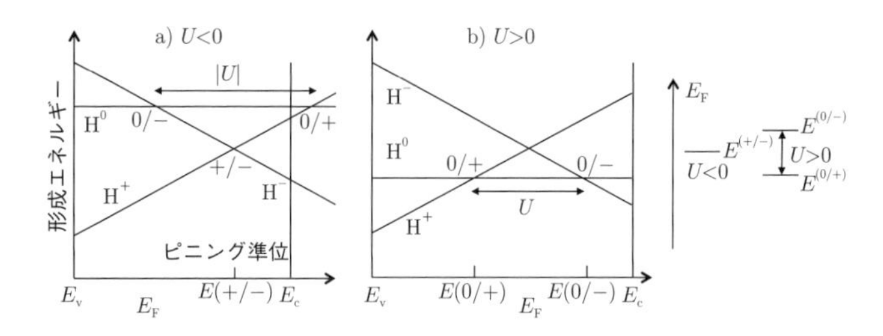

図 4.7　水素同位体の形成エネルギーとフェルミ準位 (E_F) の関係（文献 [20] より）．E_v は価電子帯上端，E_c は伝導帯下端の準位．直線は本文式 (4.6) で表される $\Delta H^q(E_F)$ を $q = +, 0, -$ についてプロットしたもので，$\Delta H^q(E_F)$ が小さい q の状態が安定となる．a) 水素原子内でのオンサイトクーロン反発エネルギー U が負の場合，E_F にかかわらず常磁性状態は不安定であるのに対し，b) U が正の場合，一定の範囲の E_F で常磁性状態 (H^0) が安定になる．

は，水素の荷電状態 ($q = +, 0, -$) によって，E_F（キャリア濃度に比例）に伴う形成エネルギーの増減の向きが変わることを示している．この形成エンタルピーを，局所密度汎関数法 (LDA) を用いて理論的に評価し，LDA が持つバンドギャップの過小評価といった誤差を経験的に補正して得られる H^+，H^0，H^- それぞれの ΔH^q の E_F 依存性を見ると，ちょうどこれらが交差するエネルギー $E^{(+/-)}$ が存在し，これより E_F が小さい場合（低キャリア濃度側）で H^+，反対側（高濃度側）で H^- が安定になることがわかる．これは，水素に付随した電子準位が $E^{(+/-)}$ に存在し，$E_F < E^{(+/-)}$ であればその準位は空（すなわち H^+ 状態），$E_F > E^{(+/-)}$ であれば 2 電子が占有（すなわち H^- 状態）する，ということを意味する．さらに，水素原子内でのクーロン反発エネルギー U が正値の場合，H^+ と H^- の安定領域に挟まれて H^0 が安定な E_F の領域も現れる．この状況を表したのが図 4.7 である．

さらに，$E^{(+/-)}$ をさまざまな酸化物について評価し，それを真空レベルからのオフセットを考慮して描いたエネルギーバンドとともにプロットしてみると，図 4.8 a) に示されるように $E^{(+/-)}$ が真空から測ってほぼ同じ約 -3 eV の位置に現れる，という興味深い傾向（$E^{(+/-)}$ 準位のピニングと呼ばれる）が明らかになった [21]．これは，対象となった酸化物中で水素が基本的に OH 結合を作り，OH 間の距離もおよそ 1.0 Å になっていることと符合していることから，主にこの結合エネルギーを反映したものと考えられている（ただし，この値は $H_2O \leftrightarrow H + OH$ のエネルギー差 4.8 eV よりはかなり小さい）．また，伝導帯下端の準位を E_c とすると，E_F が $E_\mathrm{c} \le E_F < E^{(+/-)}$ を満たす範囲では，

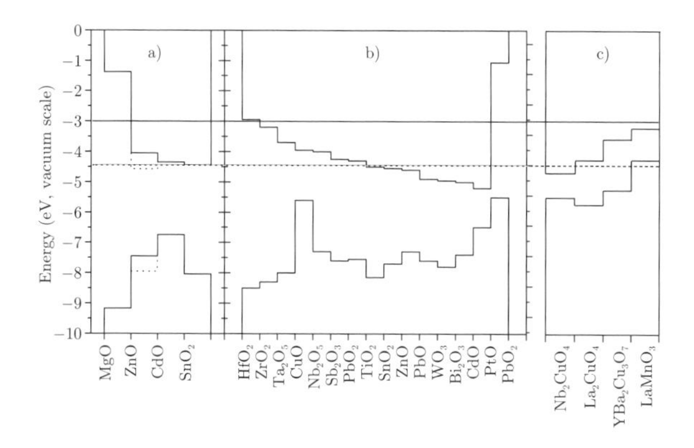

図 4.8 さまざまな酸化物のバンドオフセットダイヤグラム．上の折れ線は伝導帯の下端，下の折れ線は価電子帯の上端を表し，a) は Kiliç and Zunger [21]，b) は Schmickler and Schultze [22] に依拠（文献 [20] から転載）．c) は代表的な強相関電子系酸化物のバンド構造（Yunoki *et al.* 文献 [24] から引用）．実線は文献 [21] で報告された a) 中の水素不純物準位 $E^{(+/-)}$ を外挿した線．破線は標準水素電極の電位である -4.44 eV($\mathrm{H}^+ + e^- \to \frac{1}{2}\mathrm{H}_2$).

水素に付随した電子は伝導帯とのバンド共鳴によって水素から解離して E_c へと沈み，伝導に寄与する（あるいは伝導帯の軌道と混成し，そのすぐ下に不純物準位を形成する）[4)]．

一方，SiO_2 やアルカリハライドのように大きなバンドギャップを持つ場合には，$E^{(+/-)}$ 準位はバンドギャップの中に来る（例えば図 4.8 a) の MgO の場合に相当）．この場合，水素同位体の 1s 軌道はホストの電子状態と混成しないため局在性が強く，$U > 0$ で大きな値を取ると考えられることから，$E_F \geq E^{(+/-)}$ であれば中性状態が安定となり，これらの物質中でミュオニウムが観測されていることともよく符合する．ちなみに，ダイヤモンド構造を取る一連の半導体について類似の評価を行った別の報告では，$E^{(+/-)}$ が -4.5 eV 付近に揃って現れるとしており，この場合にはピニングの原因として水素との電子授受に伴う陰イオンあるいは陽イオンのダングリングボンドとの関係を議論している [23]．

ここで，プローブとしてのミュオンという視点から興味が持たれるのは，μSR で盛んに研究されている銅酸化物あるいはマンガン酸化物といった強相関電子系物質中での，水素同位体としてのミュオンの振る舞いである．これを見るために，文献 [24] で採り上げられている酸化物 (Nd_2CuO_4，La_2CuO_4，YBa_2CuO_7，

---

4) もちろん，ここではミュオンが電子を 1 個供給しても E_F 自体は影響を受けないと仮定されている．

$LaMnO_3$) についてバンドオフセットを同じダイヤグラム中に描いたのが図 4.8 c) である．この上に文献 [21] で示唆される $E^{(+/-)}$ のピニング準位 -3 eV の線を外装すると，いずれの物質中でも水素不純物準位は伝導帯の中に入っており，電子・ホールドーピングの別にかかわらず，よほどのことがない限り H^+ の状態（$\approx \mu^+$ 状態）が安定であると予想される（この状況は今までの経験ともよく符合している）．言い換えれば，ミュオンが酸化物中で Oμ 結合を作り，比較的単純な μ^+ 状態として振る舞うかどうかは，対象物質のバンドオフセットと $E^{(+/-)}$ 準位の関係を調べればある程度予想できることを意味している．

なお，最近の計算科学の進歩とコンピューターの高性能化により，水素同位体を格子欠陥として含む系についての第一原理法に基づく電子状態計算の精度も向上しつつあり，電子状態も含めたミュオンサイトへの理解も大きく進展しつつあることを付言しておく．

4.5　ミュオンと水素結合

前節で述べたように，水素（あるいはミュオン）が酸素と共有結合すると，電子分布は酸素側に大きく偏ったものになる．これは酸素に限ったことではなく，一般に電気陰性度の大きな原子との共有結合では，水素は比較的大きな有効電荷 $H^{\delta+}$ を持つ．このような状態の水素は，周りの電気的に陰性な原子と引力相互作用を起こすことが知られており，これを水素結合と呼ぶ．

特に分子内の水素結合では，2 つの陰性な原子 X の間に水素が入り込むことで，X-H-X という共鳴的な安定状態が出現する．これは H^+ を 2 つの X^- イオンが共有することで結合・安定化するとも見なされる（その意味で，水素結合を単に静的な電気双極子間のクーロン相互作用と考えるのは必ずしも正しくない）．OH と O を含む分子ではそのような例が多数知られているが，実は固体中でも同様のことが起きていることが，NaF や CaF_2 といったフッ化物中の水素について知られている．これらの物質に水素を添加すると，興味深いことに F-H-F という水素結合による複合体が形成される．通常の場合 F-H-F は直線上に並び，フッ素どうしの距離は水素がない場合に比べてかなり縮んでいる．

当然のことながら，これとまったく同じことがフッ化物中のミュオンについても生起し，アルカリフッ化物をはじめ，フッ素を含むさまざまな物質中で図 4.9 に示すような F-μ-F という複合体が形成されることが報告されている [25]．フッ

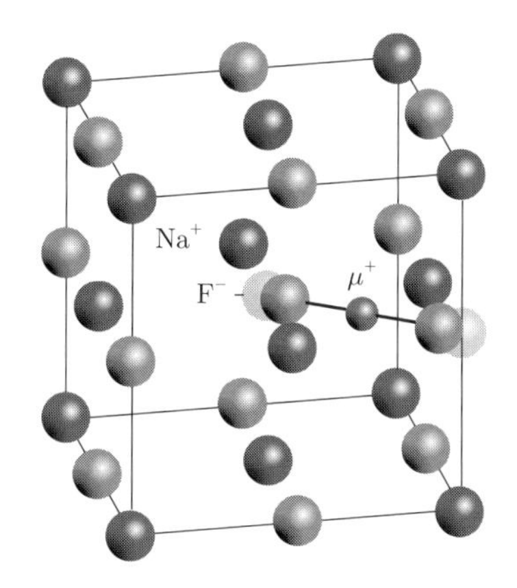

図 **4.9** NaF 中のミュオンとフッ素イオンが水素結合により形成する F-μ-F 複合体．複合体の形成により F-F 間の距離は 3.27Å から 2.34Å へと縮む（F^- のイオン半径は 1.16Å）[25].

素の原子核は陽子とほぼ同程度の大きな核磁気モーメントを持っており（^{19}F, 核スピン $I = 1/2$），これとスピン偏極したミュオンが 3 スピン系を形成すると，ゼロ磁場下でも特有のスピン回転信号（詳細は 5.2 節を参照）が観測されることから比較的容易に同定される．これに比べ，O-μ-O を形成しても酸素が核スピンを持たないため，F-μ-F と同様の方法で複合体の形成を感知することは難しく，今のところ直接的な報告例はない[5]．

なお，最近見つかったミュオンを含む水素結合の興味深い例として，水素吸蔵物質として知られている $NaAlH_4$（水素化アルミニウムナトリウム）中のミュオンの状態がある．$NaAlH_4$ は実用的な水素吸蔵物質の候補とされている軽元素の水素化物の 1 つであるが，通常の動作温度（~100 °C 以下）では水素の吸収放出が極めて遅いという難点があった．ところが，少量の遷移金属（数%のチタン，ジルコニウムなど）を添加すると水素の吸収放出速度が一桁以上改善されることが明らかになり，近年再び注目されている．ただし，添加された遷移金属がどのようなメカニズムで水素の吸収放出速度に影響を与えているのかを調べるのは容易でなく，現在でもその解明へ向けた努力が続けられている．

著者らのグループは，この物質中での μSR 測定から，格子間位置にあるミュオン（＝水素同位体）が陰イオンとの間で水素結合による複合体を形成している

[5] もちろん，試料中の酸素をすべて ^{17}O 同位体で置換することができれば，原理的には同様のことが期待できる．

証拠を得るとともに，チタンを添加することでそのような複合体から水素を解離するための活性化エネルギーが大きく減少していることを見出した [26]．この発見は，これらの物質を理解する上で今まで見過ごされていた水素結合の重要性を明らかにしたもので，今後の水素吸蔵物質の研究にも参考になると思われる．

$NaAlH_4$ は，理論上では最大 5.6%という高い重量比で，かつ摂氏 50〜100°C という比較的扱いやすい温度で水素を吸収放出し，原材料も安価で大量に手に入るという点で大変魅力的な物質である．物性的にはイオン結晶性の絶縁体で，以下に図で示すようにその結晶構造も比較的単純な形をしており，ナトリウムイオン (Na^+) と正四面体のアラネート (alanate) イオン [$(AlH_4)^-$] が交互に並んで面心立方格子を組んだような構造を取っている．水素の「容器」として元の状態がほぼ保たれる金属・合金系の水素吸蔵物質とは異なり，この物質における水素の吸収放出は

$$NaAlH_4 \leftrightarrow \frac{1}{3}Na_3AlH_6 + \frac{2}{3}Al + H_2 \leftrightarrow NaH + Al + \frac{2}{3}H_2 \tag{4.7}$$

と，物質自身が主に 2 つの反応ステップで化学的に分解／合成反応を起こすことに対応している．特に最初のステップにおいては 2 つのアラネートイオンが関与する必要もあってか反応が遅く，これが全体の反応を律速していると考えられている．遷移金属の添加により全体の反応速度は一桁以上速くなることから，それが主にこのステップに作用していると予想される．しかしながら，式 (4.7) は化合物として同定された始状態と終状態についてのもので，これから問題にする「中間生成物とその固体内効果」については何も表しておらず，具体的に結晶中でアラネートイオンがどのように再配置・反応するのかについては実質的にはよくわからない状況である．また，そこでの遷移金属の具体的な役割についても同様である．

ここで上記 (4.7) の反応をよく眺めてみると，中間段階として単体の水素が必ず登場し（$AlH_4 \to AlH_3 + H$ または $AlH_2 + 2H$），これが格子間位置を通って固体表面まで拡散することで最終的に H_2 として取り出されると考えられる．したがって，$NaAlH_4$ 中に持ち込まれたミュオンは，このような中間段階の水素の振る舞い，特にその電子状態をシミュレートすると予想される．

実際に μSR 測定を行ってみると，注入したミュオンの約半分が NaF の場合と似たような信号パターンを示すことから，この成分が図 4.10 に示すような [$(AlH_4)^-\mu^+(AlH_4)^-$] という複合体を形成しているらしいことが判明した．し

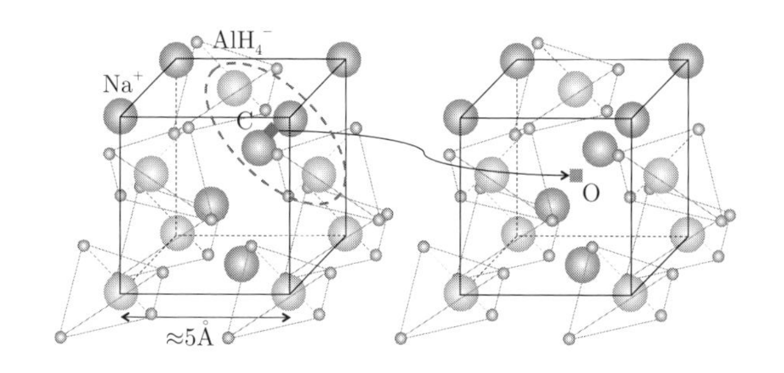

図 4.10 $NaAlH_4$ の結晶構造とそのなかでのミュオンの状態 [26]. Na^+ とアラネートイオン（$(AlH_4)^-$: H を頂点に持つ正四面体）が面心立方構造を取っている. 注入したミュオンの約半分は 2 つの $(AlH_4)^-$ イオンの間に入って（サイト C）水素結合による複合体 $[(AlH_4)^-\mu^+(AlH_4)^-]$ を形成している. チタン添加試料では熱励起によりこの状態から八面体中心（サイト O）への移動が起き, 自由に拡散できるようになると考えられる.

かも, 温度の上昇とともにミュオンがその状態から孤立した μ^+ の状態へと移動する様子も観測され, その移動を特徴付ける熱活性化エネルギーがチタンを添加することでおよそ 3 分の 1 程度にまで減少していることも明らかになっている.

この結果は, まず第 1 に $NaAlH_4$ 中の水素がその吸収放出の過程で格子間位置に入るに際して取り得る状態の 1 つとして, ミュオンを水素に置き換えた複合体の存在を明らかにしたと言える. 純粋試料で見られる比較的大きな活性化エネルギーも考え合わせると, この複合体が水素結合として理解されるべき束縛状態にあることはほぼ確実で, 室温において水素吸収放出が遅い理由は, 水素の拡散運動がこのような複合体形成によって阻害されるからであろうことも容易に推測される. 例えば式 (4.7) で示した $NaAlH_4$ の分解過程では, $AlH_4 \rightarrow AlH_3 + H$ という反応で格子間に出てくる H が隣接する $(AlH_4)^-$ イオンと結びついて反応の進行を妨げる可能性などが考えらえる. 最近のボロン水素化物 ABH_4（A = Li, Na, K など）ついての μSR 研究においても, $NaAlH_4$ の場合と同様その多くで BH_4-μ-BH_4 様の複合体形成が見られ, このような格子間水素と陰イオンの複合体形成は珍しくない現象のようである [27]. しかも, これらで見つかった複合体の収率と水素脱離温度との間には明快な正の相関があることが報告されており, 複合体形成が水素放出過程の阻害要因になっている状況も共通であるように見える. さらに, チタン添加試料についての結果は, チタンがそのような複合体からの水素の乖離エネルギーを大きく減少させることで吸収放出速度を加速させていることも強く示唆している．最近の理論研究では，$NaAlH_4$ に添加された遷移金属が系のフェルミ準位をシフトさせることで水素を含む格子欠陥（荷電状態の違いも含む）の形成エネルギーが変化することが予想されており，それに伴う電子状態の変化によりエネルギー障壁も変わると考えられるが，詳細は今後の課題である [28].

このように，水素のシミュレーターとしてのミュオンの役割も大きく広がりつつある．

4.6　分子性結晶中のミュオン

ここでいう分子性結晶とは，広く結晶の構成単位として有機化合物分子を含むような物質群を指している．このような物質のなかでも，特に分子内に不飽和結合を持つ（隣合う原子間で2価以上で結合している）分子が存在する場合，これに水素同位体としてのミュオンが付加反応を起こす場合があることが知られている．例えばエチレン分子では，図4.11に模式的に示したように，ミュオンが二重結合を切って一方の炭素と共有結合し，もう一方の炭素原子上に不対電子が残る．このような不対電子とミュオンの間には一定の超微細相互作用が働き，1つの常磁性状態（ミュオニウムと類似の状態）を形成するが，このような状態はミュオニウム置換・有機フリーラジカル（以下ミュオニウムラジカル muonium radical と略す）と呼ばれる [29].

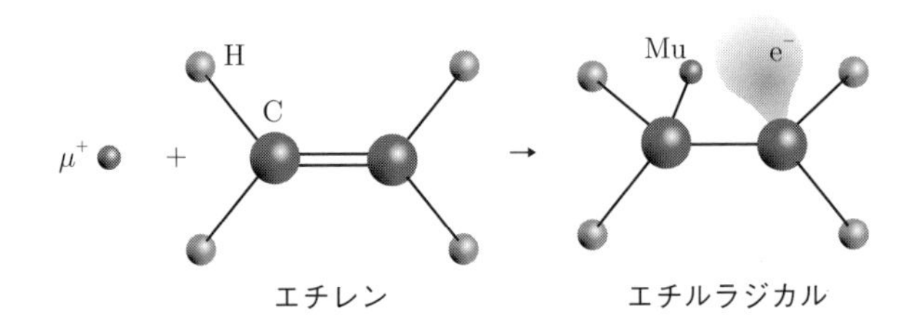

図 4.11　エチレン分子へのミュオンの付加反応により生成されるミュオニウム・エチルラジカルの模式図．ミュオンは二重結合を切って一方の炭素と共有結合を作る．ミュオンは H と同じ状態を取るという意味ではミュオニウム (Mu) と表記されるべきだが，結合性軌道に電子が2個入るためそれ自身では常磁性を示さない．しかしながら，もう一方の炭素上にできる不対電子（ラジカル状態）との超微細相互作用により，中性ミュオニウムと類似の状態として観測される．

ラジカル状態の形成は，ミュオンと物質の相互作用のなかでも最も強いものの1つで，元の分子の形を変えてしまうという意味では一見プローブとしてのミュオンの役割を逸脱しているようにも見える．しかしながら，一方で分子内の電子状態は（ラジカル状態も含めて）一般的によく局在化しており，ミュオニウムラジカル自体をミュオンに代わって周りの分子の電子状態やそのダイナミクスを調べるプローブとして利用することが可能である．特に，液体や気体中の化学反応においては，ミュオニウムラジカルを「放射性マーカー」として，反応に関わる分子のダイナミクスを調べる研究が盛んに行われている．

また，一般に有機ラジカル状態では，その近傍に水素核が存在することが多く，不対電子はミュオンだけでなく陽子のスピンとも結合し，ミュオンと核スピンの間で不対電子を介した核超微細相互作用 (nuclear hyperfine interaction) を引き起こす．したがって，これによるミュオニウムラジカルの摂動は分光学的な情報をもたらし，核スピンを通じて周辺の原子・分子の電子状態について精密に知る手がかりを与える（なお，核超微細相互作用については次章133ページ以降に詳しく取り上げる）．

ミュオニウムラジカルが高分子上の電子のダイナミクスを捉えた興味深い例として，ポリアセチレン上の電子のソリトン的な運動の研究が挙げられる [30]．ポリアセチレンは白川英樹博士らの研究により良質で大型の膜が開発され，ヨウ素やアルカリ金属をドープすることで金属並みの伝導を示す導電性高分子としてよく知られるようになった物質であるが，分子構造が最も単純な1次元共役高分子として，基礎的な量子化学の観点からも注目を集めた物質だった．

ポリアセチレンは炭素の2重結合と1重結合が交互に並んだ構造をしているが，図4.12のようにその結合交替のパターンが異なる異性体が存在し，一方はシス型，他方はトランス型と呼ばれている．なかでもトランス型ポリアセチレンは，その上を伝搬する電子の状態がソリトン（非線形波）として記述されることが理論的に予言されている [31]．図4.12 c) から見て取れるように，ラジカルは2重結合の並び方が不連続に入れ替わる節に対応しており，この節を孤立波（ソリトン）と見なすことができるからである．

これら2種類のポリアセチレンにミュオンを照射すると，シス型では静的なミュオニウムラジカルが観測されるのに対し，トランス型では明らかに動的な効果によるスピン縦緩和が観測された．さらに，縦緩和率の磁場 (H) 依存性を解析すると，それが1次元系のスピン揺らぎに対応して $1/\sqrt{H}$ に比例していることから，不対電子が高分子鎖上を1次元ホッピング運動していると解釈され

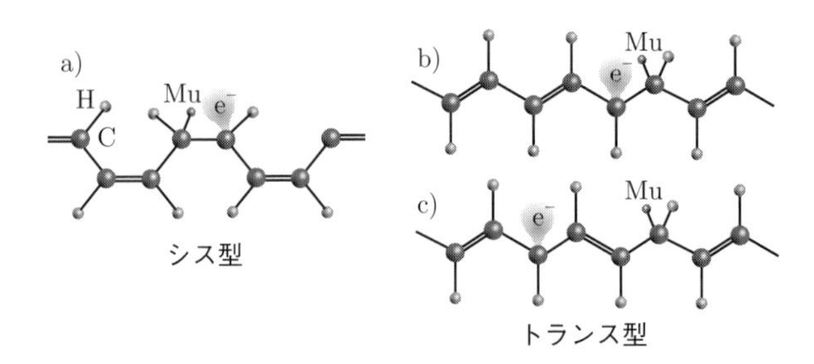

図 4.12　ポリアセチレンの 2 つの異性体，a) シス型，b) トランス型とそれらに付随したミュオニウムラジカル．シス型では不対電子は局在しているが，c) トランス型では 2 重結合を入れ替えながら分子鎖上を伝搬していくと考えられる．

ることも明らかになっている．

この例でなお興味深い点の 1 つとして，ポリアセチレン上の不対電子がミュオニウムラジカルと必ず対になって形成されることが挙げられるだろう．不対電子状態は反応性が高く不安定で，通常それ自体を定常状態として観測することは容易でない．ところがこの場合には，ミュオンがポリアセチレンと「反応」することで，ミュオンが見ている高分子鎖に不対電子が選択的に形成される．いわば自ら作り出した非平衡状態の緩和過程を観測することで，極めて高感度な実験が可能になっているとも言える．

第5章 ミュオンスピン回転

これまでのところで，我々はミュオンが物質に照射されて停止するまでの過程，および停止した瞬間の状態について学んだ．ミュオンは次の瞬間からそれぞれのサイトで内部磁場を感じてスピン回転運動を始めるわけだが，その様子は内部磁場の原因によってさまざまである．以下では内部磁場の起源として通常想定される核磁気モーメント，および電子スピンに伴う磁気モーメントからの双極子磁場を感じる場合，さらにミュオニウムを形成した場合について，観測されるスピン偏極の回転・減衰（緩和）の原因について考える．これはとりもなおさず緩和関数，すなわち式 (2.28) や式 (2.29) に登場する $G_x(t)$，$G_z(t)$ の具体的な形を物質に即して考えることであり，そのための物理的なモデルを考察することでもある．

すでに 2.4 節では，物質中でのスピン減偏極の原因には大きく分けて「位相緩和」と「縦緩和」の 2 種類あること，またそれらの情報は外部磁場の向きとミュオンの初期スピン方向との適切な組み合わせを選ぶことにより実験的に分けて抽出することができることを学んでいる．このことも含め，我々は実験条件，および想定される内部磁場の起源から緩和関数を予想し，これと実験データとを比較することによりミュオン自身および周辺の電子状態についての情報を引き出すことができる．エックス線結晶構造解析に例えるならば，観測されたブラッグピークとその強度分布を説明できるような結晶系や対称群を予想し，それに基づいてリートベルト解析を行うことに対応するだろう．なお，実際に μSR 時間スペクトルを解析して $G_x(t)$ や $G_z(t)$ を抽出する方法を紹介することは本書の範囲を超えるので，各コンピューターソフトウェアのマニュアルなどを参照して頂きたい．

5.1 スピン偏極の時間発展：一般論

1個のミュオンスピンの運動

いま，仮想的に真空中に静止しているミュオンを考える．ミュオンはスピン1/2の粒子なので，ミュオンのスピン磁気モーメント $\mathbf{S}_\mu$ の運動は磁場のみで決まり，式 (2.20) にあるように磁場中では次のようなラーモア歳差運動（=回転運動）を起こす．

$$\frac{d\mathbf{S}_\mu}{dt} = \gamma_\mu \mathbf{S}_\mu \times \mathbf{B} \tag{5.1}$$

ここで $\gamma_\mu = 2\pi \times 135.53$ MHz/T はミュオンの磁気回転比（表 2.3 参照），$\mathbf{B}$ は磁場を表すベクトルである．もし時刻 $t = 0$ で $\mathbf{S}_\mu \parallel \mathbf{B}$ であれば歳差運動は起こらないが，量子力学的にはこれがスピンの固有状態に対応する．すなわち，ミュオンスピンを表すパウリ行列を $\hat{\sigma}$ とすると，磁場で決められたスピン量子化軸 $\hat{z}$ に対し，ハミルトニアン

$$\mathcal{H}/\hbar = -\gamma_\mu \mathbf{S}_\mu \cdot \mathbf{B} = -\frac{1}{2}\omega_\mu \hat{\sigma}_z \tag{5.2}$$

で表されるゼーマン相互作用においては，ミュオンのスピン演算子 $\hat{\sigma}_z$ の固有状態 $|\sigma, \sigma_z\rangle = |1, 1\rangle$ および $|1, -1\rangle$ が定まる（ここで $\omega_\mu = \gamma_\mu |\mathbf{B}|$）．$t = 0$ でそれ以外の方向に向いていたミュオンの状態（例えば横磁場中のミュオン）は式 (5.2) の固有状態ではないので，$\hbar\omega_\mu$ のエネルギーで振動する．これが古典論における歳差運動の本質である．その際の時間発展は

$$\frac{\hbar}{i}\frac{d}{dt}\hat{\sigma} = [\mathcal{H}, \hat{\sigma}] = -\frac{\hbar}{2}\omega_\mu [\hat{\sigma}_z, \hat{\sigma}], \tag{5.3}$$

となり（ここで [ ] は演算子の交換関係），$\hat{\sigma}_+ = \hat{\sigma}_x + i\hat{\sigma}_y$ とすると結局 $d\hat{\sigma}_+/dt = -i\omega_\mu \hat{\sigma}_+$ というブロッホ方程式に導かれて，

$$\hat{\sigma}_+(t) = \hat{\sigma}_+(0)\exp(-i\omega_\mu t) \tag{5.4}$$

という古典論と同じ結果を与る．このとき $\hat{\sigma}_x$ の期待値は

$$\sigma_x(t) = \cos(\omega_\mu t + \phi) \tag{5.5}$$

となる（ここで ϕ は $\sigma_x(0)$ と $\hat{x}$ 軸のなす角）．

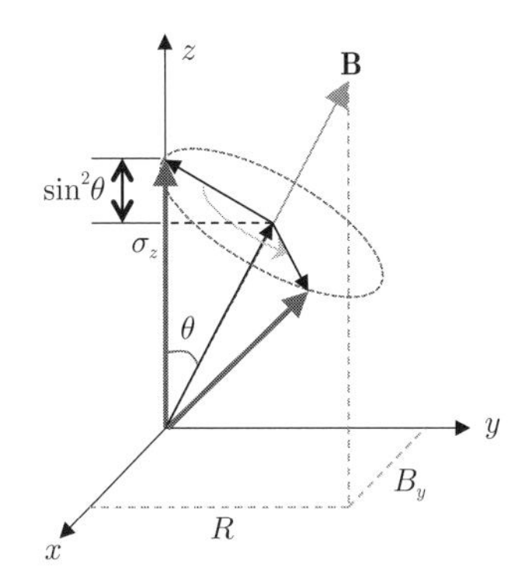

図 5.1 時刻ゼロでのミュオンのスピン偏極方向を z 軸とし，ミュオンの位置での磁場 $\mathbf{B}$ を任意の方向（z 軸からの頂角を θ）に取ると，ミュオンスピンは $\mathbf{B}$ の周りで破線のような歳差運動を行う．

式 (5.4),(5.5) は量子化軸を磁場の向きに取ったが，ここでミュオンスピンの向きと磁場の向きとが任意の関係にある場合を考えるためにもう一度古典論に戻り，図 5.1 のように時間原点でのミュオンのスピン偏極の向きを z 軸に取り直してスピンの運動を眺めてみよう．ミュオンの位置での磁場を $\mathbf{B} = (B_x, B_y, B_z)$ とすると，z 軸に射影したミュオンスピンの歳差運動は

$$\sigma_z(t) = \frac{B_z^2}{B^2} + \frac{B_x^2 + B_y^2}{B^2}\cos\omega_\mu t \tag{5.6}$$

$$= \cos^2\theta + \sin^2\theta\cos\omega_\mu t, \tag{5.7}$$

と表される．式 (5.6) が示すように，スピン回転の周波数はあくまで $\mathbf{B}$ の大きさで定まる一方，その振幅は磁場の各成分のなかでミュオンの偏極に平行でない成分の割合 ($\sin^2\theta$) を反映する．

統計集団としてのミュオンスピンの運動 (1)：静的な磁場分布

複数のミュオンを物質中に注入した場合，それぞれのミュオンが感じる内部磁場は，非磁性体に一様外部磁場を印加した場合，あるいは磁気秩序状態にある磁性体中の場合のように，停止位置によらずほぼ同じ大きさで一定のこともあれば，磁気的に無秩序な状態を反映して停止位置ごとに異なる場合もある．後者の場合，各ミュオンスピンはそれぞれ異なる周波数 ω_μ でラーモア歳差運動を行うために位相緩和を起こすが，そのときの緩和関数は物質中の静的な磁場分布 $\mathbf{B}(\mathbf{r})$ に依存する．

別の見方をすれば，試料に注入された多数のミュオンは $\mathbf{B}(\mathbf{r})$ をランダムに（ただし単位格子中の特定位置で）サンプリングし，その分布を回転周波数の確率密度分布として与えると言える．つまり，$\mathbf{B}(\mathbf{r}) = (B_x(\mathbf{r}), B_y(\mathbf{r}), B_z(\mathbf{r}))$ の密度分布

$$n_\alpha(B) = \langle \delta(B - B_\alpha(\mathbf{r})) \rangle_{\mathbf{r}}, \ \ (\alpha = x, y, z) \tag{5.8}$$

に対して（ここで $\langle \cdots \rangle_r$ は全空間平均），z 軸に射影したスピン偏極の時間発展は，式 (5.6) および式 (5.8) を用いて

$$G_z(t) = \langle \sigma_z(t) \rangle = \int\int\int_{-\infty}^{\infty} \sigma_z(t) \Pi_\alpha n_\alpha(B_\alpha) dB_\alpha \tag{5.9}$$

で与えられ，$n_\alpha(B)$ がデルタ関数でない限り位相緩和が引き起こされる．

$\mathbf{B}(\mathbf{r})$ の起源としては，すでに知られている代表的なものがいくつかあり，それに対応する $n_\alpha(B)$ の形を知っていれば，元となる内部磁場の起源を推定することができる．次節以降でそれらについて詳述するが，ここでは最も簡単な例として磁気秩序状態にある磁性体中で期待される磁場分布を考えてみよう．単位格子中のミュオンサイトが 1 種類のみの場合，ミュオンは試料中のどこに停止しても

$$\mathbf{B}(\mathbf{r}) = \mathbf{b} = (b_x, b_y, b_z) \tag{5.10}$$

という単一の内部磁場を感じる．これに対応する密度分布は，

$$n_\alpha(B) = \delta(B - b_\alpha), \ \ (\alpha = x, y, z) \tag{5.11}$$

となり，式 (5.9) からわかるようにスピン偏極の運動は，

$$\begin{aligned} \langle \sigma_z(t) \rangle &= \frac{b_z^2}{b^2} + \frac{b_x^2 + b_y^2}{b^2} \cos \omega_\mu t \\ &= \cos^2 \Theta + \sin^2 \Theta \cos \omega_\mu t, \end{aligned} \tag{5.12}$$

と，式 (5.6) 中の $\mathbf{B}$ を $\mathbf{b}$ で置き換えただけのものになる．ここで，$\omega_\mu = \gamma_\mu |\mathbf{b}|$，また Θ は図 5.1 にあるように $\mathbf{b}$ を極座標で表した場合の頂角である．さらに，磁性体が粉末試料である場合，$\mathbf{b}$ はミュオンの初期偏極方向 $\sigma_z(0)$ に対してあらゆる方向に一様等方に分布するので，$\langle \sigma_z(t) \rangle$ は $2\pi d \cos \Theta (= 2\pi \sin \Theta d\Theta)$ についての積分となり，

$$G_z(t) = \langle \sigma_z(t) \rangle = \frac{1}{4\pi} \int_0^\pi [\cos^2 \Theta + \sin^2 \Theta \cos \omega_\mu t] 2\pi d \cos \Theta$$

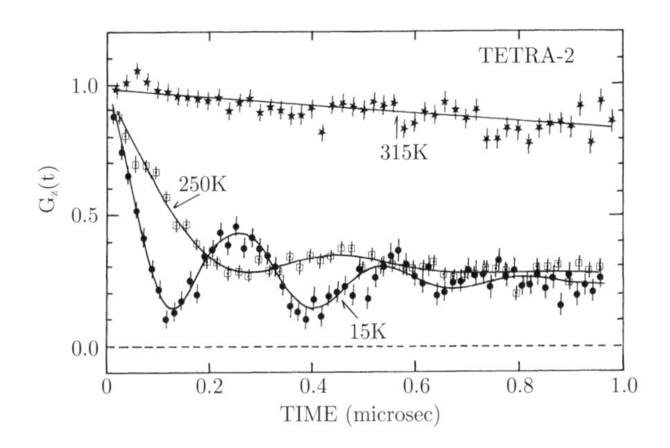

図 5.2　$YBa_2Cu_3O_{7-\delta}$（正方晶，$\delta \geq 0.7$）の粉末試料中で観測されたゼロ磁場 μSR 時間スペクトル [33]．ネール温度は 250 K 付近にあり，それよりずっと低温側の 15 K では自発磁化に伴う $\frac{1}{3}$ を中心にした明瞭な回転信号が見えている（ただし，指数関数的な緩和を伴っており，$n(B)$ が分布を持つことを示している）．

$$= \frac{1}{3} + \frac{2}{3}\cos\omega_\mu t \tag{5.13}$$

となる．ここで特徴的な点として，$\frac{1}{3}$ という定数項の存在が挙げられる．元の式を見ればわかるように，これはミュオンの初期偏極と内部磁場の向きが平行である確率に対応しており，この例に限らず $n_\alpha(B)$ が空間的に一様等方である場合には共通な特徴である．もちろん，外部から磁場を印加すれば一様等方性は失われるので，$\frac{1}{3}$ 項は基本的にゼロ磁場下での特徴と言える．実際にこのような時間スペクトルが観測された典型的な例として，銅酸化物高温超伝導体の 1 つである $YBa_2Cu_3O_{7-\delta}$ の例を図 5.2 に示す．

実際の実験では，**b** が持つ分布により $\cos\omega_\mu t$ に対応する振動は急激に減衰してしまう場合がある．そのようなときには縦磁場 B_0 を印加しながら $G_z(t \to \infty)$ が磁場とともにどのように変化するかを観察すれば $|\mathbf{b}|$ の平均的な大きさを知ることができる．この場合，$x = B_0/|\mathbf{b}|$ として

$$G_z(\infty) = \frac{3x^2 - 1}{4x^2} + \frac{(x^2-1)^2}{16x^3}\ln\left[\frac{(x+1)^2}{(x-1)^2}\right] \tag{5.14}$$

となる [32]．式 (5.14) は x について面倒な形をしているが，定性的には $x = 1$ で $G_z(\infty) = 1/2$ と半分まで回復し，x の増大とともに 1 に近づく．

なお，原子分光学では，電子のエネルギー準位が核磁気モーメントとの相互作用により分裂する場合，これを**超微細構造** (hyperfine structure) と呼び，その

ような分裂を引き起こす相互作用を**超微細相互作用**と呼ぶ．ミュオンは軽い陽子とも重い電子とも見なせるので，電子・核子いずれの磁気モーメントとミュオンのそれとの相互作用についても，これを超微細相互作用と呼び習わしている．前述の磁性体における $\mathbf{b}$ の起源も電子とミュオンの間の超微細相互作用の1つの形であるが，さらに一般的な場合については5.3節で詳述する．

統計集団としてのミュオンスピンの運動 (2)：揺らぎの効果

ミュオンの感じている内部磁場が何らかの原因で時間とともに変動する場合 ($\mathbf{B} = \mathbf{B}(t)$) には，それによる動的な効果を考慮する必要がある．変動する原因は内部磁場自身の揺らぎ，およびミュオンの並進運動（拡散）による揺らぎがあるが，一般にスピン偏極の時間変化のみから両者を区別することは困難である．したがって，ミュオン自身の拡散の有無は，観測された揺らぎの周波数やその温度依存性がミュオンの拡散によるとして物理的に妥当かどうかといった判断を伴う．

内部磁場自身が揺らぐ原因はさまざまであるが，揺らぎのモデルの最も単純な場合として知られているのが**強衝突モデル** (strong collision model) である．このモデルでは，どの時刻 t においても内部磁場の密度分布 $n_\alpha(B)$ は一定で，毎秒平均 $\nu = 1/\tau$ 回の確率で磁場が変化し，さらに変化の前後で内部磁場は一定でなおかつ相関がない，という確率過程を考える [34]．すると，スピン偏極の変化は $[0, t]$ という時刻の区間内で内部磁場が n 回変化した場合の緩和関数 $g^{(n)}(t)$ を用いて

$$G(t) = \sum_{n=0}^{\infty} g^{(n)}(t) \tag{5.15}$$

と表すことができる．ここで，ここで揺らぎがない場合の緩和関数を $g(t)$ とすると，$B(t)$ がまったく変化しない確率は時間とともに $\exp(-\nu t)$ で減少していくので，

$$g^{(0)}(t) = e^{-\nu t} g(t)$$

となる．次に時刻 t_1 で1回だけ変化する場合には

$$g^{(1)}(t) = \nu \int_0^t dt_1 e^{-\nu t_1} g(t_1) e^{-\nu(t-t_1)} g(t - t_1)$$

さらに時刻 t_1，t_2 で2回変化する場合には

$$g^{(2)}(t) = \nu^2 \int_0^t dt_1 e^{-\nu t_1} g(t - t_1) \int_{t_1}^t dt_2 e^{-\nu(t_2 - t_1)} g(t_2 - t_1) e^{-\nu(t - t_2)} g(t - t_2)$$

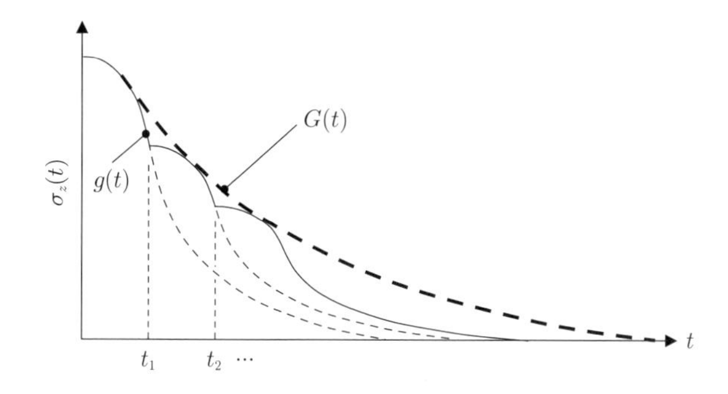

図 5.3 強衝突モデルにおける揺らぎの効果．$t=0$ でスピン偏極は静的な磁場分布による緩和関数 $g(t)$ に従って変化するが，時刻 t_1 で内部磁場が変化し，スピンの運動はリセットされて再度 $g(t-t_1)$ で変化する．時刻 t_2 で再び内部磁場が変化すると，以下同様のことが繰り返される．このような過程をあらゆる t_n について足し合わせると，スピン偏極は破線で示されたような包絡線 [$=G(t)$] に従って変化する．

と順次書き下すことができる．式 (5.15) は適当な変数変換により

$$G(t) = e^{-\nu t}g(t) + \nu \int_0^t dt_1 e^{-\nu(t-t_1)} g(t-t_1) \cdot \Big\{ e^{-\nu t_1} g(t_1) + \nu \int_0^{t_1} dt_2 e^{-\nu(t_1-t_2)} g(t_1-t_2) \Big\{ e^{-\nu t_2} g(t_2) + \nu \int_0^{t_2} dt_3 ... \Big\} \cdot ... \Big\} \tag{5.16}$$

という再帰的な形に書けることがわかる．この状況を模式的に示したのが図 5.3 である．結局，緩和関数 $G(t)$ は次のような積分方程式に帰着される．

$$G(t) = e^{-\nu t}g(t) + \nu \int_0^t d\tau e^{-\nu(t-\tau)} g(t-\tau) G(\tau). \tag{5.17}$$

この積分方程式はそのままではあまり役に立たないが，ラプラス変換を行うと解析的に解くことができる．すなわち

$$f(s) = \int_0^\infty g(t) e^{-st} dt, \tag{5.18}$$

$$F(s) = \int_0^\infty G(t) e^{-st} dt \tag{5.19}$$

とすると，式 (5.17) のラプラス変換は

$$F(s) = f(s+\nu) + \nu f(s+\nu) F(s) \tag{5.20}$$

となり，これから

$$F(s) = \frac{f(s+\nu)}{1-\nu f(s+\nu)} \tag{5.21}$$

という解を得る．したがって，$G(t)$ は式 (5.21) を逆ラプラス変換することにより導出することができる．

実際には，$g(t)$ が解析的に書ける関数であっても $G(t)$ は数値的にしか求まらないことが多いが，最近の計算機環境の高速化により，このような場合でも数値解とデータとを最小二乗法で直接比較しながらデータ解析を行うことも可能になりつつある．

ここで演習問題として，$g(t)$ が指数関数 $\exp(-\Lambda t)$ で与えられる場合を見てみよう．初歩的な計算から $f(s) = 1/(s+\Lambda)$ となり，$f(s+\nu) = 1/(s+\nu+\Lambda)$ を式 (5.21) に代入すると，$F(s) = 1/(s+\Lambda) = f(s)$ となって，揺らぎの効果は現れない [つまり $G(t) = g(t)$] ことがわかる．これは図 5.3 を眺めれば明らかで，内部磁場の自己相関関数 $\exp(-\nu t)$ が $g(t)$ と同じ指数関数であるため，時刻 t_i で内部磁場がリセットされてもスピン偏極の時間発展は影響を受けない，という特異な状況にある．

なお，$g(t)$ が指数関数的に振る舞う場合として知られているのがスピングラスと呼ばれる系で，局在した電子の磁気モーメントの向きや空間分布が大きな乱れを伴っていることがその原因であるが，実際にミュオンを注入してスピン偏極の変化を観察すると，内部磁場の揺らぎによる変化が見られる [$G(t) \neq g(t)$] 場合がある [35]．これは，結局本節で導入した揺らぎのモデルが必ずしも万能ではなく，例えば揺らぎが単一の周波数 ν では表せない場合があることを示しており，強衝突モデルはあくまで 1 つの出発点に過ぎないと心得ておくべきだろう．

ちなみに，強衝突モデル（酔歩マルコフ過程 random Markov process，あるいは乱雑位相近似 random phase approximation とも呼ばれる）は揺動磁場に対する 1 つの簡略化された確率過程モデルであり，より一般的にはガウス過程（Gaussian-Markov 過程）で問題を取り扱う場合が多いことを付言しておく．ガウス過程では，揺らぎの相関は

$$\frac{\langle \mathbf{B}(t+\tau)\mathbf{B}(\tau)\rangle}{\langle \mathbf{B}(\tau)\rangle^2} = \exp(-\nu t) \tag{5.22}$$

で与えられるが，結果として得られる緩和関数は $\nu t \ll 1$ の領域で強衝突モデルのそれと多少異なる振る舞いを示すことが知られている [36].

準位交差共鳴緩和

縦緩和の特別な場合として，準位交差共鳴 (level crossing resonance) による緩和過程が知られている．これは，磁場中でミュオン（あるいはミュオニウム）が持つゼーマンエネルギーと，周りのスピン系（熱浴）の持つ特徴的なエネルギーが一致したとき，ミュオンと熱浴との間で共鳴的なエネルギーの交換（＝減偏極）が起きる現象を指す．これまで知られている例はいずれも核スピン系との共鳴的な相互作用による緩和であるが，ミュオンが磁気双極子相互作用で直接的に核スピンと結合している場合と，ミュオニウムを形成してその軌道電子との核超微細相互作用経由で核スピンと結合している場合がある．いずれにせよ，ミュオンサイトや周辺の核スピン上での電子密度分布などの情報を得ることができる，という点で，準位交差共鳴緩和は分光学的な情報を与え得る強力な手法である．ただし，準位交差が起きる系はさまざまで，個々の条件にも大きく依存するので，ここで一般論に立ち入ることはせず，応用上重要なミュオニウムの場合について 5.5 節で詳述する．

5.2 核スピンとの相互作用

微視的モデル

金属中に注入されたミュオンは，例外なく伝導電子の遮蔽により μ^+ の状態を保って存在している．この場合，特に非磁性金属中でミュオンの感じる内部磁場 $\mathbf{B}(\mathbf{r})$ の起源は主に核磁気モーメントとの超微細相互作用である．非磁性絶縁体においても，ミュオニウムを形成しない場合には同様のことがいえる．

一般に超微細相互作用という場合，磁気双極子相互作用とフェルミ接触相互作用の両方を含むが，核子もミュオンも通常はよく局在しているので，これらの間の相互作用は主に磁気双極子相互作用である [1]．したがって，ハミルトニアンはこれに外部磁場 $\mathbf{B}_0$ によるゼーマン相互作用を考慮した

$$\mathcal{H}/\hbar = -\gamma_\mu \mathbf{S}_\mu \cdot \mathbf{B}_0 - \gamma_\mathrm{I} \sum_i \mathbf{I}_i \cdot \mathbf{B}_0 + \gamma_\mu \gamma_\mathrm{I} \mathbf{S}_\mu \sum_i \hat{A}_i \mathbf{I}_i \tag{5.23}$$

を考えればよい．ここで $\mathbf{I}_i$ は格子点上の i 番目の核子スピン，γ_I はその核子の

[1] 両者とフェルミ接触相互作用を行う電子が介在する場合があり，これを核超微細相互作用 (nuclear hyperfine interaction) と呼ぶが，これについてはミュオニウムの項で取り上げる．

磁気回転比，$\hat{A}_i$ は磁気双極子テンソル

$$(\hat{A}_i)^{\alpha\beta} = \frac{1}{r_i^3}(\delta_{\alpha\beta} - \frac{3\alpha_i\beta_i}{r_i^2})\ (\alpha, \beta = x, y, z), \tag{5.24}$$

で表されるミュオン-核磁気モーメント間の超微細相互作用を表す．特にゼロ磁場 ($\mathbf{B}_0 = 0$) の場合には，

$$\mathbf{B}(\mathbf{r}) = \mathbf{B}_{\rm dip} = \gamma_{\rm I}\sum_i \hat{A}_i\mathbf{I}_i \tag{5.25}$$

として，

$$\mathcal{H}/\hbar = \gamma_\mu \mathbf{S}_\mu \cdot \mathbf{B}_{\rm dip} \tag{5.26}$$

と単純化され，核子数が少数の場合にはミュオンスピン偏極の時間発展を解析的に求めることができる．以下では演算子（観測量）が時間発展し，状態ベクトルは時間に依存しない，というハイゼンベルグ描像で考えてみよう．

ある観測量が時間的に変化する，ということは，それがハミルトニアンの固有状態にはないことを意味する．そのような観測量の時間発展を計算するには，密度行列の手法を用いるのが便利である．相互作用がない場合のミュオンと核子のスピン固有状態を表す基底ベクトルを $|\chi_k\rangle = |\chi_k\rangle\Pi_i|\chi_k^i\rangle$ とすると，これを用いて定義した密度演算子 $\hat{\rho} = \sum_k c_k|\chi_k\rangle\langle\chi_k|$ の時間発展は

$$i\hbar\frac{\partial\rho}{\partial t} = [\mathcal{H}, \hat{\rho}] = \mathcal{H}\hat{\rho} - \hat{\rho}\mathcal{H} \tag{5.27}$$

で計算することができる．観測量の期待値は，それが各固有状態に対して持つ期待値の総和であるが，これは密度行列とスピン演算子の積のトレース（対角成分の和）として求められる．例えばミュオンスピン偏極は，スピン演算子 $\sigma_z(t)$ と密度行列を用いて

$$G_z(t) = {\rm Tr}\{\hat{\rho}(0)\cdot\hat{\sigma}_z(t)\} = \frac{1}{N}\sum_{m,n}|\langle m|\hat{\sigma}_z|n\rangle|^2\exp(i\omega_{nm}t) \tag{5.28}$$

と表される [37]．ここで Tr は行列のトレースを取ることを意味し，

$$\hat{\rho}(0) = \frac{1}{2}\begin{pmatrix} 1 & 0 \\ 0 & 0 \end{pmatrix} \otimes \frac{2}{N}\Pi_i\mathbf{1}^i \tag{5.29}$$

また，

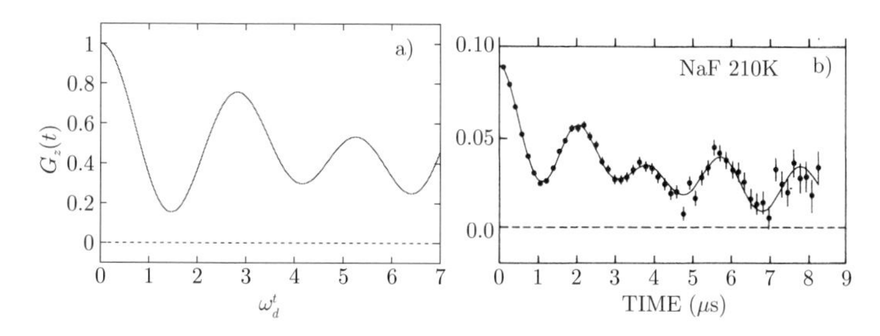

図 **5.4** a) 2 個の核スピン ($I = 1/2$) がミュオンから直線上で等距離にある場合のゼロ磁場中でのスピン偏極の時間変化（本文式 (5.34) による）. b) NaF 中で実際に観測された F-μ-F 水素結合に伴うゼロ磁場 μSR 時間スペクトル（75 ページ参照）.

$$\hat{\sigma}_z(t) = \exp(i\mathcal{H}t)\hat{\sigma}_z \exp(-i\mathcal{H}t) \tag{5.30}$$

$$\hat{\sigma}_z = \begin{pmatrix} 1 & 0 \\ 0 & -1 \end{pmatrix} \otimes \Pi_i \mathbf{1}^i \tag{5.31}$$

である（$\otimes$ は直積, $\mathbf{1}$ は単位行列を表す）. また, ミュオンの初期偏極方向（100%偏極）を $\hat{z}$ 軸に取り, 核スピンについては平均を取るものとする.

これから, 例えば $I_i = 1/2$ の場合, 核スピン 1 個とミュオンの 2 スピン系では, $\hat{z}$ に射影したミュオンスピンの運動は

$$G_z(t) = \frac{1}{6}\left[1 + \cos\omega_\mathrm{d}t + 2\cos\left(\frac{1}{2}\omega_\mathrm{d}t\right) + 2\cos\left(\frac{3}{2}\omega_\mathrm{d}t\right)\right] \tag{5.32}$$

となる. ここで

$$\omega_\mathrm{d} = 2\gamma_\mu\gamma_\mathrm{I}/r_\mathrm{d}^3 \tag{5.33}$$

であり, r_d はミュオンと核子の間の距離を表す. この表式から明らかなように, ω_d はミュオン, 核子それぞれの磁気モーメントの大きさと r_d だけで決まっており, 前者は既知であることから ω_d の値からミュオンと核子の距離を実験的に求めることができる.

さらに, 3 スピン系となると, 2 つの核スピンとミュオンの間で幾何学的自由度が生じるが, ミュオンが 2 つの核 ($I_i = 1/2$) を結ぶ軸の中点上にあるという最も単純な場合,

$$G_z(t) = \frac{1}{6}[3 + \cos(\sqrt{3}\omega_\mathrm{d}t) + a_+\cos(b_+\omega_\mathrm{d}t) + a_-\cos(b_-\omega_\mathrm{d}t)] \tag{5.34}$$

となる. ここで $a_\pm = 1 \pm 1/\sqrt{3}$, $b_\pm = (3 \pm \sqrt{3})/2$ である（図 5.4 a)）. 前章で

触れた古典的な水素結合の例である F^{-}-μ^{+}-F^{-}（F 核は $I = 1/2$）では，実際にゼロ磁場下でこのような振動を伴うスピン偏極の変化が観測されている（図 5.4 b) を参照).

F-μ-F のような例外的な状況を除き，ミュオンから等距離にある（＝同じ強さで相互作用する）核子の数はもっと多い．磁気双極子相互作用は距離の 3 乗に逆比例して減衰するので，通常は最隣接格子点上にある核子を考慮すればよく，例えばミュオンが四面体中心を占める場合には 4 個 $(i = 4)$，八面体中心の場合には 6 個 $(i = 6)$ であるが，それでも対応する $G(t)$ は周波数の異なる多数の正弦振動の重ね合わせとなり，位相緩和により図 5.4 で見られるような振動は急激に減衰する．

磁場分布モデル (1) ：縦緩和関数

多数の核磁気モーメントと超微細相互作用を行っているミュオンのスピン偏極は，微視的モデルによるよりも磁場分布 $n(B_\alpha)$ から直接計算する方が簡便である．なぜなら，ミュオンに対して同時に磁場を及ぼす核子がおおむね 4 個以上であれば，その分布が空間的に一様等方なガウス分布によく従うランダム磁場となるからである．

これは，例えば i 番目の核磁気モーメントからの磁場 $\mathbf{B}_i = \gamma_{\mathrm{I}}\hat{A}_i\mathbf{I}_i$ を一様乱数の確率変数 $X_i = [0, 1]$ で近似してみればわかりやすい．この場合，N 個の核子からの磁場分布は，新たに X_i を N 個足し合わせた確率変数 X の分布 $P(X)$ として表される．ここで，分布の中心値がゼロになるように

$$X = \sum_{i=1}^{N} X_i - \int X' P(X')$$

とすると，$P(X)$ は N に対して図 5.5 のような分布を取る．これを眺めれば，N が大きくなるにつれて $P(X)$ が急速にガウス分布に近づくことがわかるだろう [2)]．ちなみに，$N = 2$ の場合には $P(X)$ は三角分布として知られているが，このような磁場分布の下ではミュオンのスピン偏極は振動成分を持ち，前節の微視的モデルで 3 スピン系（2 個の核子との超微細相互作用）を考えた場合ともよく対応していることがわかる．

$n(B_\alpha)$ がガウス分布に従う場合，ミュオンスピンの時間発展 $G(t)$ は内部磁場の分布を

---

2) これは統計学で「中心極限定理」と呼ばれているものの 1 例である．

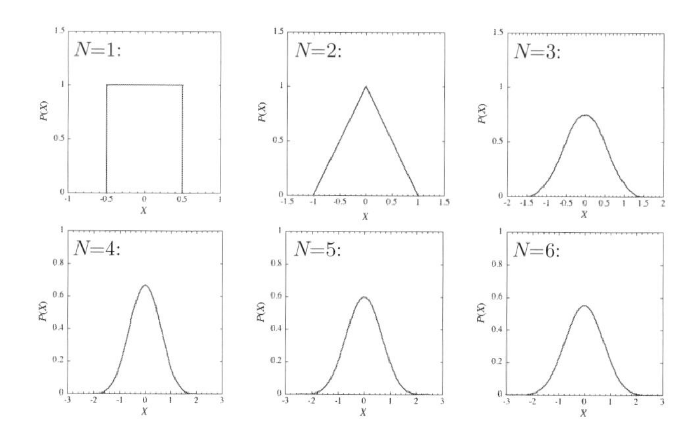

図 5.5 一様乱数 $X_i = [0,1]$ を N 個足し合わせた確率変数 X が持つ確率分布 $P(X)$. $N = 2$ の場合は三角分布として知られている. $N \geq 4$ では急速にガウス分布に近づく.

$$n(B_\alpha) = \frac{\gamma_\mu}{\sqrt{2\pi}\Delta} \exp\left(-\frac{\gamma_\mu^2 B_\alpha^2}{2\Delta^2}\right) \ (\alpha = x, y, z) \tag{5.35}$$

とし (ここで Δ^2/γ_μ は分布の 2 次のモーメント), 式 (5.9) の積分を実行することで得られる. すなわち,

$$\begin{aligned} G_z(t) &= \int\int\int_{-\infty}^{\infty} \sigma_z(t) n(B_x) n(B_y) n(B_z) dB_x dB_y dB_z \\ &= \frac{1}{3} + \frac{2}{3}(1 - \Delta^2 t^2) e^{-\frac{1}{2}\Delta^2 t^2} \\ &\equiv g_z(t) \end{aligned} \tag{5.36}$$

この関数は久保-鳥谷部 (Kubo-Toyabe) 関数と呼ばれる [34]. 式 (5.36) は, $t \leq 1/\Delta$ の時間領域では

$$G_z(t) \simeq e^{-\Delta^2 t^2} \tag{5.37}$$

と近似されるガウス型で減少し, $t = \sqrt{3}/\Delta$ で極小を取り, $t = \infty$ で 1/3 まで回復する (図 5.6 a)). 以下に示すように, この漸近成分は z 方向に平行な磁場 (縦磁場) を印加することで大きくなる.

Kubo-Toyabe 関数の時定数を決めている分布幅 Δ は, $\mathbf{B}_{\mathrm{dip}}$ の 2 次モーメントで与えられる. ここで $\Delta_\alpha^2 = \langle B_\alpha^2 \rangle / \gamma_\mu^2$ $(\alpha = x, y, z)$ と定義すれば,

$$\Delta^2 = \Delta_x^2 + \Delta_y^2 = \gamma_\mu^2 \gamma_\mathrm{I}^2 \sum_i \sum_{\alpha=x,y} \sum_{\beta=x,y,z} (\hat{A}_i^{\alpha\beta} \bar{\mathbf{I}}_i)^2 \tag{5.38}$$

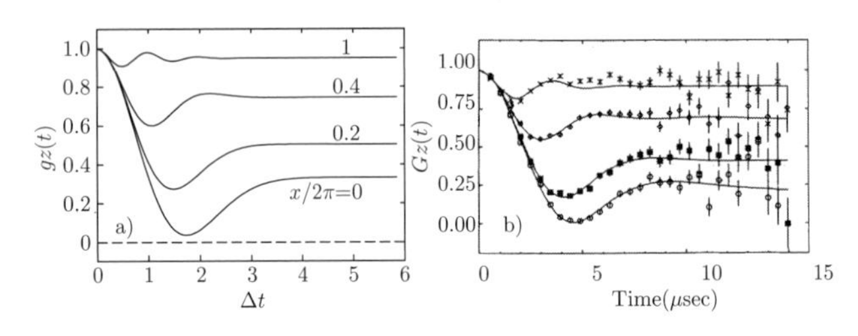

図 5.6　a) ゼロ磁場および縦磁場中の Kubo-Toyabe 関数．ゼロ磁場 ($x = \gamma_\mu B_0/\Delta = 0$) では $g_z(\infty) = 1/3$ である．b) 高純度の銅中で観測された，ゼロ磁場および縦磁場中 (50 K) の μSR 時間スペクトル [38]：下から順に，ゼロ磁場，縦磁場 $B_0 = 0.5$ mT，0.10 mT，および 0.20 mT(Δ は 0.38 μs^{-1})．$\Delta t \gg 1$ の領域で $G_z(t)$ が式 (5.41) に従って B_0 とともに増大していく様子から，この温度で内部磁場は静的であることがわかる．

であり，Δ が内部磁場の分布幅に γ_μ を乗じたもの，すなわちミュオンの角周波数分布に対応することがわかる．ここで $\bar{\mathbf{I}}_i$ は外部磁場で決まる量子化軸へ射影した核スピン，β は x, y, z すべて，α は縦方向を $\hat{z}$ とした場合，縦緩和に有効な x, y 成分について和を取る（z 成分はミュオンスピンに平行な磁場を与えるので緩和に寄与しない）．Δ_α^2 に異方性がない場合には，

$$\delta_\mu^2 = \Delta_x^2 = \Delta_y^2 = \Delta_z^2 \equiv \gamma_\mu^2 A_\mathrm{I}^2 \tag{5.39}$$

と定義される δ_μ を超微細相互作用の平均的な大きさを表す量と見なすことができ，δ_μ（あるいは A_I）は超微細相互作用定数 (hyperfine parameter) とも呼ばれる．なお，δ_μ と $\mathbf{B}_\mathrm{dip}$ の関係は，前述の微視的モデルを適宜近似することでも導出することができる．

Δ は核磁気モーメントとミュオンの位置関係によって大きく変化するので，これと実験値とを比較することで単位格子中のミュオンの位置（サイト）をある程度推測できる点が重要なポイントである（なお，上記ハミルトニアンで考慮されていない相互作用として核スピンと電場勾配の間の相互作用がある．これは $I > 1/2$ の核では常に存在し，通常は核磁気モーメントと外部磁場のゼーマン相互作用より大きい．その場合核スピンの量子化軸は外部磁場方向である $\hat{z}$ 軸からずれ，Δ の評価が変化することに注意する必要がある．詳しくは文献 [34] を参照）．

ここでミュオンの初期偏極に平行な外部磁場（＝縦磁場）を印加した場合を考える．磁場を $\mathbf{B}_0 = (0, 0, B_0)$ とすると，式 (5.35) の $n(B_z)$ のみを $n(B_z - B_0)$ と置き換えて先程の $G_z(t)$ を計算すれば縦磁場中の緩和関数が得られる．残念

ながら解析的に閉じた形には書けないが，いくつかの磁場 $x = \gamma_\mu B_0/\Delta$ における $G_z(t) = g_z(t)$ を図 5.6a) に，また実験で得られた典型例を図 5.6b) に示す．重要な点は，緩和関数の漸近値が

$$g_z(\infty) = 1 - \frac{2}{x^2} + \frac{2}{x^3} e^{-x^2/2} \int_0^x e^{-u^2/2} du \tag{5.40}$$

$$\sim \frac{\frac{1}{3} + \left(\frac{x}{2}\right)^2}{1 + \left(\frac{x}{2}\right)^2} \tag{5.41}$$

と磁場とともに増大し，$x \gg 1$ の極限で $g_z(t) = 1$ に近づくことである．これは内部磁場が静的な場合にのみ当てはまる性質であり，次に述べるような時間的に揺らぐ内部磁場の下ではこの漸近成分がゼロに向かって減衰して行く．これが先に触れたエネルギーの移動を伴う縦緩和であり，ゼロ／縦磁場中のスピン緩和ではスピン回転に伴う位相緩和がなく，揺らぎによる緩和だけを抽出できることが大きな特徴である．

次に，核磁気モーメントによる内部磁場 $\mathbf{B}_{\rm dip}$ が何らかの理由で時間とともに揺らいでいる場合を考えよう．ここで磁場分布 $n(B)$ そのものは変わらず（つまり角周波数の分布幅 Δ は一定），毎秒平均 $\nu = 1/\tau$ 回の確率で $\mathbf{B}_{\rm dip}(t)$ が揺らぎ，なおかつ変化の前後で $\mathbf{B}_{\rm dip}(t)$ の間に相関がないと仮定すると，揺らぎの効果は強衝突モデルで記述され，緩和関数 $G_z(t)$ は式 (5.36) の Kubo-Toyabe 関数 $g_z(t)$ を用いて前節の積分方程式 (5.17) を数値的に解くことで求められる．いくつかの Δ/ν に対するゼロ磁場での $G_z(t)$ を図 5.7 に示す．

図 5.7 に見られるようにゼロ・縦磁場緩和関数の形は $\nu \sim \Delta$ を中心にした比較的広い範囲の揺らぎの周波数に対して敏感であるが，揺らぎが遅いとき ($\nu/\Delta \ll 1$)，$0 \leq \Delta t \leq 1$ の時間領域で式 (5.37) のようなガウス関数型緩和を示し，$\Delta t > 1$ の漸近的成分が

$$G_z(t) \simeq g_z(\infty) \exp\{-[1 - g_z(\infty)]\nu t\} \tag{5.42}$$

と指数型で緩和する．一方，揺らぎが速い場合 ($\nu/\Delta \gg 1$) には

$$G_z(t) \simeq \exp\left[-\frac{\Delta^2 \nu}{\omega_\mu^2 + \nu^2} t\right] \tag{5.43}$$

となり，全時間領域で指数関数型の緩和を示すようになる．ここで $\omega_\mu = \gamma_\mu B_0$ は縦磁場に比例する．4.2 節では，温度の降下とともに拡散が速くなっていく量

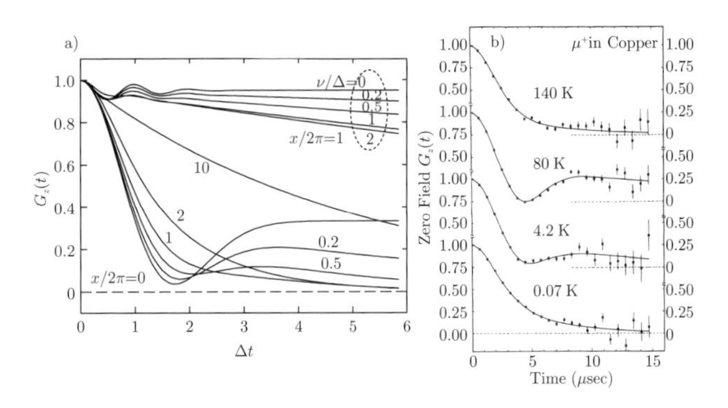

図 5.7　a) 内部磁場に時間的揺動がある場合のゼロ磁場および縦磁場中 ($x/2\pi = 1$ の場合) でのミュオンスピン緩和.（横軸は Δ^{-1} を単位として測った時間に相当.）縦磁場の場合は $\nu/\Delta \simeq x$ で所謂 T_1-極小（緩和率が最大）となり，これより大きな ν/Δ では緩和率が減少に転じる．b) 高純度銅中で観測されたゼロ磁場 μSR スペクトルの例．1/3 成分の変化から，80 K 付近で一旦静的になった内部磁場が，さらに低温で量子拡散により再び揺らぎ始める様子がわかる [38].

子拡散という現象を紹介したが，拡散により内部磁場が実際に揺らいでいることは，図 5.7 b) で示されるようにこの漸近成分（ゼロ磁場では 1/3）が降温とともに減衰・消失するという実験事実が決め手になった.

式 (5.43) は，一般に ν の増大とともに縦緩和率（＝縦緩和時間 T_1 の逆数）

$$\frac{1}{T_1} = \frac{\Delta^2 \nu}{\omega_\mu^2 + \nu^2} \tag{5.44}$$

が減少していくこと（周波数空間における「動的先鋭化 motional narrowing」に相当）を示しており，しかもその変化の度合いが ω_μ と ν の大小関係によって変わることが見て取れる．これは縦緩和の磁場依存性を詳しく測定することで揺らぎの周波数 ν をより高い信頼度で決定できることを意味する（これについては次節で詳しく取り上げる).

なお，**非磁性金属中**でミュオンの感じる内部磁場が揺らぐ原因は，ほとんどの場合ミュオン自身の拡散運動によると考えてよい．なぜなら，フェルミ面の状態密度を $D(E_F)$ とすると，電子スピンの揺らぎの周波数はハイゼンベルグの不確定性関係から大雑把に $[\hbar D(E_F)]^{-1} \sim 10^{13}$–$10^{14}$ s^{-1} と見積もられるが，これは通常の μSR では観測にかからない程高速だからである．**常磁性絶縁体**においても，電子スピンの揺らぎは電子間の交換エネルギー J に対応して $J/\hbar \sim 10^{14}$–10^{15} s^{-1} という周波数領域にあるので，ミュオニウムの形成が起きない場合には通常このような電子スピンの揺らぎは観測にかからない．

一方，核磁気モーメント自身の揺らぎの時間スケールは，核磁気モーメントどうしの小さな磁気双極子相互作用によるもので 10^{-4} 秒程度かそれより長く，ミュオンの時間スケールからみると完全に静的であると見なし得る．そのため，ミュオンの感じる内部磁場が核磁気モーメント由来のみであることが明白な場合に図 5.7 のような揺動による縦緩和が見られるとすれば，それはミュオン自身の拡散によるものと考えてよい．

ただし例外的な場合として，固体中においてもリチウムのような軽いイオンは比較的高速に拡散運動を行う場合があり，運動しているイオンが核磁気モーメントを伴っている場合には，ミュオンが動かなくてもイオン側の運動に伴って内部磁場が揺動する可能性がある．そのような例として近年報告されているのがリチウム電池の電極材料としても研究されている $\mathrm{Li}TO_2$（T = Co, Ni, Mn など）という物質群である．これらは 2 次元三角格子を形成する TO_2 層の間にリチウム（比較的大きな核磁気モーメントを持つ）が挿入されたような層状構造をしており，リチウムイオンが層間を出入りすることで電池の充放電を起こす．実際，これらの物質中でミュオンが観測する核磁気モーメントからの内部磁場は昇温とともに「動的先鋭化」を示すことから，前者がリチウムの拡散運動を捉えたものであることが示唆されている [39]．

いずれにせよ，高温側ではミュオン自身も熱励起により拡散しやすくなるので，データの解釈にあたってはそのような可能性を考慮する必要があるが，室温程度で揺らぎによる縦緩和が顕著でなければ，4.2 節で紹介したような例外的な場合を除き，低温側ではまずミュオンの拡散による内部磁場の揺らぎは無視してよいだろう．磁性体をミュオンで調べる場合，常磁性相でのミュオンの振る舞いは磁気秩序相およびその近傍のデータを解釈する基準となるので，実際の μSR 測定においても基本データとして十分注意を払う必要がある．

磁場分布モデル (2)：横磁場中の緩和関数

ミュオンの初期偏極に垂直な方向に外部磁場 $\mathbf{B}_0$ を印加して μSR 測定を行うと，スピンの歳差運動に伴う正弦的な減衰振動が観測され，その包絡線を横緩和関数 $G_x(t)$ と呼ぶことはすでに述べた（第 2 章，式 (2.28)）．ここでは核磁気モーメントとの磁気双極子相互作用が減偏極の主な原因である場合について $G_x(t)$ を導いてみよう．

混乱を避けるために，外部磁場 $\mathbf{B}_0$ を前項と同じく $\hat{z}$ 方向 $[\mathbf{B}_0 = (0, 0, B_0)]$ と

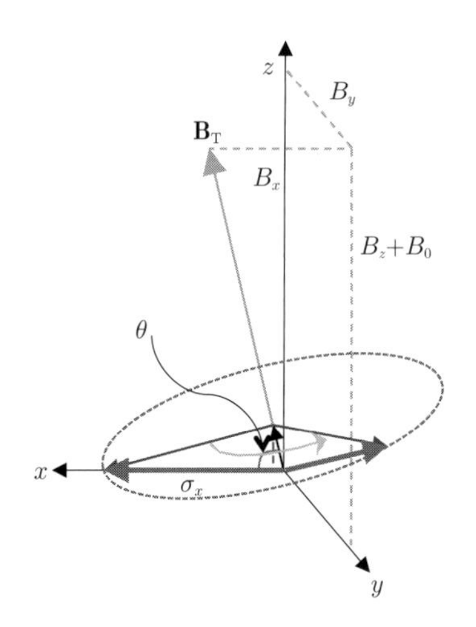

図 5.8　時刻ゼロでのミュオンのスピン偏極方向を x 軸とし，それに垂直な外部磁場 $\mathbf{B}_0$ を z 軸方向に取る．さらに，核磁気モーメントからのランダム磁場を $\mathbf{B}$ とすると，ミュオンは磁場 $\mathbf{B}_\mathrm{T} = \mathbf{B} + \mathbf{B}_0$（$\theta$ は x 軸からの頂角）の周りで破線のような歳差運動を行う．

する．この場合，図 5.8 のようにミュオンの初期偏極方向を $\hat{x}$ 軸方向に取れば横磁場条件となるが，今度はミュオンスピンの運動を $\hat{x}$ 軸方向への偏極の射影 σ_x として観測することになる（例えば陽電子検出器を $+x$ と $-x$ 方向に配置する）．この場合，σ_x の時間発展は，式 (5.6) を変形して

$$\begin{aligned}\sigma_x(t) &= \frac{B_x^2}{B_\mathrm{T}^2} + \frac{B_y^2 + (B_z + B_0)^2}{B_\mathrm{T}^2}\cos[\gamma_\mu B_\mathrm{T} t] \\ &= \cos^2\theta + \sin^2\theta\cos[\gamma_\mu B_\mathrm{T} t], \end{aligned} \tag{5.45}$$

と表される．ここで $\mathbf{B}_\mathrm{T} = \mathbf{B} + \mathbf{B}_0$ ($B_T = |\mathbf{B}_\mathrm{T}|$)，また θ は x 軸から測った $\mathbf{B}_\mathrm{T}$ の向きである．これと式 (5.35) で与えられる $n(B_\alpha)$ を用いて式 (5.9) の積分を実行すれば $G_x(t)$ が求まるわけだが，実際の測定では $B_0 \gg \Delta/\gamma_\mu$ という強磁場条件で行われることが多い．この場合積分は主に $\theta \simeq \pi/2$ の近傍となり，$\gamma_\mu B_0 = \omega_0$ として

$$\begin{aligned}\langle\sigma_x(t)\rangle &\simeq \int_{-\infty}^{\infty} dB_z n(B_z)\cos[\gamma_\mu(B_z + B_0)t] \\ &\simeq e^{-\frac{1}{2}\Delta^2 t^2}\cos\omega_0 t \equiv G_x(t)\cos\omega_0 t, \end{aligned} \tag{5.46}$$

となる．つまり，$\mathbf{B}_\mathrm{dip}$ によるランダム磁場のなかでも主に外部磁場 $\mathbf{B}_0$ と平行

な成分の乱れ $\langle B_z^2 \rangle$ を反映した位相緩和として

$$G_x(t) = e^{-\frac{1}{2}\Delta^2 t^2} \tag{5.47}$$

というガウス型の包絡線が観測されることになる.

ここで $G_x(t)$ を式 (5.37) の $G_z(t)$ と比較してみると，後者の方が前者よりも $\sqrt{2}$ 倍だけ緩和率が大きいことに気づく（式 (5.36) 中の指数関数の肩には同じ $\frac{1}{2}\Delta^2 t^2$ が乗っているので紛らわしいが，これに乗じられている $1-\Delta^2 t^2$ まで考慮すると式 (5.37) が正しい近似であることがわかる）. その理由は単純明快で，Δ の定義である式 (5.38) のところでも触れたように，縦緩和では $\mathbf{B}_{\rm dip}$ の各成分中で初期偏極の向きに垂直な $\langle B_x^2 \rangle$，$\langle B_y^2 \rangle$ の 2 成分が緩和に寄与するのに対し，横緩和では $\mathbf{B}_0$ に平行な $\langle B_z^2 \rangle$ 成分のみが寄与するからである [3].

次に，縦緩和の場合と同じく，$\mathbf{B}_{\rm dip}$ が時間とともに揺らいでいる場合を考えよう. 横緩和では位相緩和に重畳する形で揺らぎの効果が緩和関数を変化させて行く. ここで，揺らぎの効果がやはり強衝突モデルで記述されるとすると，緩和関数 $G_x(t)$ は式 (5.47) のガウス関数を用いて前節の積分方程式 (5.17) を数値的に解くことで求められるが，実は横緩和の場合には確率過程としてガウス過程に基づいた久保-富田 (Kubo-Tomita) 理論が古くから知られており，その包絡線の形は

$$G_x(t) = \exp\left[-\frac{\Delta^2}{\nu^2}(e^{-\nu t} - 1 + \nu t)\right] \tag{5.48}$$

という解析的な形で導出されている [40]. したがって，横磁場 μSR のデータ解析でも通常の場合にはこちらが用いられることが多い. ちなみに，式 (5.48) は指数関数の肩に指数関数が乗るという一見複雑な形をしているが，$\nu t \ll 1$ では $e^{-\nu t} = 1 - \nu t + \frac{1}{2}\nu^2 t^2 + \ldots$ と近似すれば

$$G_x(t) \simeq e^{-\frac{1}{2}\Delta^2 t^2} \tag{5.49}$$

と式 (5.47) に帰着し，$\nu t \gg 1$ では $e^{-\nu t} - 1 + \nu t \simeq \nu t$ なので

$$G_x(t) \simeq \exp\left[-\frac{\Delta^2}{\nu}t\right] \tag{5.50}$$

---

[3] ただし，以上の議論は核スピンの量子化軸が電気四重極相互作用 (eqQ) などで磁場と無関係に決まっている場合にのみ正確である. そうでない場合（例えば核スピンが 1/2），核スピンの量子化軸は外部磁場と同じになり，ゼロ/縦磁場と横磁場の線幅の比は $\sqrt{5/2}$ となる [34].

となって，式 (5.43) で $\omega_\mu \ll \nu$ の場合と同じ形になることがわかるだろう．つまり，揺らぎの効果により緩和関数は徐々にガウス型から指数型に移行していくが，元のガウス緩和よりも速く緩和するようなことは決して起こらない，ということを意味している．この点は図 5.3 からも明らかで，縦緩和でも事情はまったく同じである．

これに対し，次節で述べる電子スピンによる緩和では，ミュオンは核磁気モーメントからの磁場とは独立に電子スピンからの内部磁場やその揺らぎの効果を感じる．この場合，前者による緩和を $G_{\rm n}(t)$，後者によるそれを $G_{\rm m}(t) = \exp(-\lambda t)$ とすると，全体の緩和関数は

$$G(t) \simeq G_{\rm n}(t) \cdot G_{\rm m}(t) \tag{5.51}$$

と両者の積で表されるような形になり，たとえ $\nu t \ll 1$ の領域（ここで ν は核磁気モーメントによる内部磁場の揺らぎであることに注意）であっても指数関数で緩和していくことがわかる．このような違いを見ることで，電子スピンによる緩和の有無を区別することが可能になる．

なお，緩和関数が積になる理由は，核磁気モーメントによる磁場分布を $n(B_\alpha)$，電子スピンによるそれを $n'(B'_\alpha)$ とした場合，ミュオンが感じる磁場 $B = B_\alpha + B'_\alpha$ の分布が

$$p(B) = \int n(B - B'_\alpha) \cdot n'(B'_\alpha) dB'_\alpha \tag{5.52}$$

という両者の畳み込みで表されることに由来する．$G_{\rm n}(t)$ が $n(B_\alpha)$ の，また $G_{\rm m}(t)$ が $n'(B'_\alpha)$ の逆フーリエ変換と見なされることを考えれば，$p(B)$ の逆フーリエ変換先が元の関数の積となることは容易に理解できるだろう．

5.3 電子スピンとの相互作用

前節の核磁気モーメントとの相互作用では，式 (5.23) でも明らかなように，同時に複数の核子と相互作用する場合を想定した議論を行った．これは，基本的には核子もミュオンもよく局在していることから，相互に等距離にある核子との相互作用を常時考える必要があることに由来している．一方，固体中の電子を相手にする場合には，それが完全に局在していると考えられる場合はむしろまれで，電子密度，あるいはスピン密度といった電子の広がり（波動関数）を

考慮しなければならない．そこで，以下では1個の電子がミュオンと相互作用する場合を基本として考える．

微視的モデル

まず，核磁気共鳴の場合に習い，電子とミュオンとの相互作用を一般的な形に書き下してみると次のように表される[4)]．すなわち，一様な外部磁場とそのベクトルポテンシャルを

$$\mathbf{B}_0 = \mathrm{rot}\,[\mathbf{A}_0(\mathbf{r})],\quad \mathbf{A}_0(\mathbf{r}) = \frac{1}{2}(\mathbf{B}_0 \times \mathbf{r}), \tag{5.53}$$

とし，超微細相互作用とそのベクトルポテンシャルを

$$\gamma_\mu(A_c + \hat{A}^{\alpha\beta}) = \mathrm{rot}\,[\mathbf{A}_\mu(\mathbf{r})],\quad \mathbf{A}_\mu(\mathbf{r}) = \frac{\gamma_\mu \mathbf{S}_\mu \times \mathbf{r}}{r^3}, \tag{5.54}$$

と書き表す．ここで A_c はフェルミ接触項，$\hat{A}^{\alpha\beta}$ は磁気双極子相互作用を表すテンソルで，式 (5.24) で与えられる．これから相互作用全体のハミルトニアンは，

$$\begin{aligned}
\mathcal{H}/\hbar =& \frac{1}{2m_\mathrm{e}}\left[\mathbf{p} + \frac{e}{c}\mathbf{A}_0(\mathbf{r}) + \frac{e}{c}\mathbf{A}_\mu(\mathbf{r})\right]^2 + V(\mathbf{r}) \\
& -(\gamma_\mathrm{e}\mathbf{S}_\mathrm{e} + \gamma_\mu\mathbf{S}_\mu)\mathbf{B}_0 + \gamma_\mu\gamma_\mathrm{e}\mathbf{S}_\mu\hat{A}^{\alpha\beta}\mathbf{S}_\mathrm{e} \\
=& \left[\frac{\mathbf{p}^2}{2m_\mathrm{e}} + V(\mathbf{r})\right] - (\gamma_\mathrm{e}\mathbf{S}_\mathrm{e} + \gamma_\mu\mathbf{S}_\mu)\mathbf{B}_0 + \left[\mu_B\mathbf{B}_0 + \gamma_\mu\gamma_\mathrm{e}\frac{\mathbf{S}_\mu}{r^3}\right]\mathbf{L} \\
& + \frac{e^2}{2m_\mathrm{e}c^2}[\mathbf{A}_0(\mathbf{r})]^2 + \frac{e^2}{m_\mathrm{e}c^2}\mathbf{A}_0(\mathbf{r})\cdot\mathbf{A}_\mu(\mathbf{r}) + \gamma_\mu\gamma_\mathrm{e}\mathbf{S}_\mu\hat{A}^{\alpha\beta}\mathbf{S}_\mathrm{e} \\
& + \frac{8\pi}{3}\gamma_\mu\gamma_\mathrm{e}\mathbf{S}_\mathrm{e}\delta(\mathbf{r})
\end{aligned} \tag{5.55}$$

となる．この式中2つ目の等号以下で，第1項は電子の運動エネルギーと格子のポテンシャル，第2項はゼーマン相互作用，第3項は軌道角運動量 $\mathbf{L}$ に伴う磁場，第4項は反磁性エネルギー，第5項は電子の反磁性電流とミュオンスピンの相互作用（化学シフト），第6項が磁気双極子相互作用，そして最後の第7項がフェルミ接触項である（なお，2つのミュオン間の相互作用に対応する $\mathbf{A}_\mu^2(\mathbf{r})$ の項は省略した）．このうち第3，4，5項は通常無視できるほど小さいので，これらを除いてスピンに関わる部分のみを取り出せば，

---

4) 以下，簡単のため cgs 単位で考え，なおかつ電子スピンの g 因子を2として磁気モーメントの大きさを μ_B（ボーア磁子）の単位で定義する．この場合1自由電子スピン ($S_\mathrm{e} = 1/2$) あたりのキュリー定数が $g^2\mu_B^2 S_\mathrm{e}(S_\mathrm{e}+1)/3k_B = \mu_B/k_B$ であることに注意．

$$\mathcal{H}/\hbar = -(\gamma_e \mathbf{S}_e + \gamma_\mu \mathbf{S}_\mu)\mathbf{B}_0 + \gamma_\mu \gamma_e \mathbf{S}_\mu \hat{A} \mathbf{S}_e + \frac{8\pi}{3} \gamma_\mu \gamma_e \mathbf{S}_e \delta(\mathbf{r}) \tag{5.56}$$

となる．さらに，核磁気共鳴と違って μSR ではミュオンの電荷が小さい（束縛軌道は $1s$ のみ）ためにミュオンの位置 ($\mathbf{r} = 0$) での電子の波動関数の振幅は小さく，例外的な場合を除きフェルミ接触項が大きな寄与をすることはない．したがって，ミュオンスピンの運動を支配しているのは磁気双極子相互作用となる．

ここで話を具体的にするために，磁性体中に置かれたミュオンと電子との相互作用の結果として観測されるゼロ・縦磁場 μSR 時間スペクトル $G_z(t)$ を3つの類型にまとめたのが図5.9である．まず，図5.9 a) が5.1節の冒頭で内部磁場分布 $n(B_\alpha)$ の単純な例として取り上げた磁気秩序状態に相当する．式 (5.10) で表される一様な内部磁場は，近隣にある i 番目の電子スピン $\mathbf{S}_{e(i)}$ からの双極子磁場の和

$$\mathbf{B}_{\rm dip} = \mathbf{b} = \gamma_e \sum_i \hat{A}_i \mathbf{S}_{e(i)} \tag{5.57}$$

に対応し，このとき $\mathbf{B}_{\rm dip}$ は，磁気構造で決まる特定の向きを持つ $\mathbf{S}_{e(i)}$ からの双極子磁場のベクトル和となる．磁気秩序がまったく乱れを伴わなければ，$G_z(t)$ の 2/3 は角周波数 $\omega_\mu = \gamma_\mu |\mathbf{B}_{\rm dip}|$ で振動する成分を持つが，通常は分布のわずかな乱れにより図5.9 a) のように減衰を伴った振動となる．

ところで，式 (5.57) であえて核磁気モーメントからの磁場による分布を取り扱った式 (5.25) と同じ記号を使った理由は，実際に電子スピンを核スピンに置き換えれば基本的に同じものを表しているからである．ただし，ここで注意すべきこととして，式 (5.57) の値を議論する場合，実際には $\mathbf{S}_{e(i)}$ そのものではなく，電子基底状態の波動関数 Ψ についての期待値 $\langle \Psi | \mathbf{S}_{e(i)} | \Psi \rangle = \langle \mathbf{S}_{e(i)} \rangle$ が問題になっている．これは核子の場合と大きく異なる点で，式 (5.57) は正確には

$$\mathbf{B}_{\rm dip} = \gamma_e \sum_i \hat{A}_i \langle \mathbf{S}_{e(i)} \rangle \tag{5.58}$$

と書かれるべきもので，これと μSR 実験で観測される内部磁場の値を比較することで磁気秩序状態での「局在モーメントの期待値」を議論することになる．$\mathbf{S}_{e(i)}$ の期待値を正確に知るためには，電子系全体のハミルトニアンを解き，その基底状態における波動関数を用いて格子点上のイオンの局在モーメントの期待値 $\langle \mathbf{S}_{e(i)} \rangle$ を計算する必要があるが，もちろん通常の場合には真の基底状態の波動関数を知ることは困難で，適当な近似に基づいた議論が行われている．

いずれにせよ，ここで μSR の特徴として重要なことは，観測量である ω_μ が

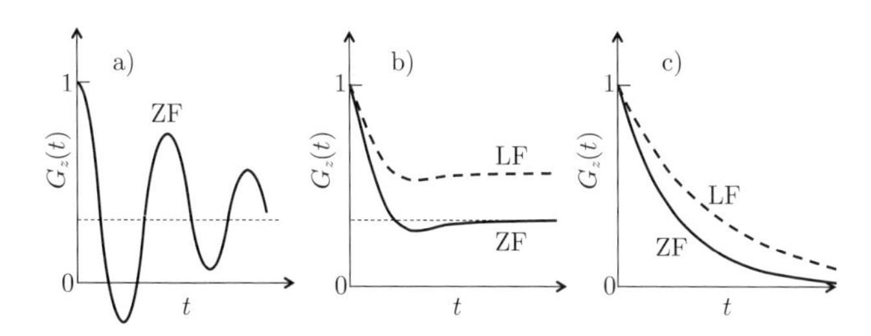

図 5.9 磁性体粉末試料中でのゼロ磁場 (ZF) 縦磁場 (LF)μSR スペクトル. a) 磁気秩序の形成により，ミュオンがほぼ一定の内部磁場を感じている場合. b) 磁気秩序の乱れにより内部磁場が不均一になった場合. c) 磁気秩序の転移温度より高温側で，電子スピンが揺らいでいる場合. 破線は縦磁場を印加した場合のスペクトル.

$\langle \mathbf{S}_{\mathrm{e}(i)} \rangle$ に比例している，という点である. 磁気秩序相では，$S = \langle \mathbf{S}_{\mathrm{e}(i)} \rangle$ はいわゆる「秩序変数」であり，ω_μ は秩序変数を直接反映する. これは，中性子散乱で得られる磁気回折の信号強度 I が，試料の体積を V，磁気構造の単位格子体積を U_0 として

$$I \propto \frac{V}{U_0^2} S \tag{5.59}$$

と，試料体積全体にわたって積分した量であることと好対照をなしている. 中性子散乱による S の評価では，特に不均一な系において曖昧さがつきまとう. 例えばある温度で，磁気秩序を示す部分が実際には全体積 V の 50%だったとしよう. μSR では試料に注入されたミュオンのうちの 50%が S の大きさに比例した ω_μ の回転信号を示し，他の半分には磁気秩序に伴う信号は現れない ($\omega_\mu = 0$). 一方，同じ試料で中性子散乱を行った場合，V で平均した磁気回折ピークの強度は 1/2 になるが，中性子散乱のみではあらかじめ試料がそのような不均一な状態であることを知ることができないので，S を本来の値の半分に過小評価する可能性が高い.

一方で，μSR では S の絶対値を評価する上で単位格子内でのミュオンサイトを正確に知ることが欠かせないが，これが常に容易とは限らないことは留意すべき点である.

ところで，図 5.9 a) の具体例として挙げた YBCO（図 5.2）の例にも見られるように，磁気秩序相といっても何らかの理由で磁気相関が弱まれば 2/3 成分の振動は減衰するようになる. さらに，スピングラスのように大きく乱れた状態では，個々のミュオンが見る $\mathbf{B}_{\mathrm{dip}}$ の向きや大きさも幅広い分布を持つように

なり，$G_z(t)$ は図 5.9 b) のように急激な位相緩和を起こす．

この場合，位相緩和の緩和率は $|\mathbf{B}_{\rm dip}|$ の分布の広がりを表す 2 次のモーメント

$$\Delta^2 = \gamma_\mu^2 \gamma_{\rm e}^2 \sum_i \sum_{\alpha\beta} (\hat{A}_i^{\alpha\beta} \mathbf{S}_{{\rm e}(i)})^2 \tag{5.60}$$

で与えられる．ここで β は x, y, z すべて，α は縦方向を $\hat{z}$ とした場合，縦緩和に有効な x, y 成分について和を取る点は式 (5.38) と同じである．

なお，本節では核磁気共鳴（基本的に磁場中で測定が行われ，μSR では横磁場条件に対応）との比較を意識し，異方性がない場合に α について 1 成分の式 (5.60) の値を δ_μ，2 成分についての値を Δ とし，以後 δ_μ を電子-ミュオン間の超微細相互作用定数と定義することにしよう．これにより δ_μ，あるいは $\delta_\mu^2 \equiv \gamma_\mu^2 A_\mu^2$ の関係から γ_μ の因子を除いた A_μ の定義は，核磁気共鳴での超微細相互作用定数と共通になる．

ちなみに，どれほど磁場分布が乱れていても，内部磁場が静的であれば，$G_z(t)$ は図 5.9 b) 破線で示したように縦磁場 (LF) の印加により偏極度を回復する．この点は，δ_μ が大きな値を取ること以外は核スピンとの相互作用で示した式 (5.41) の振る舞いとまったく同じである．

揺らぎの効果

次に，電子スピンが時間的に揺らいでいる場合（常磁性状態）を考えよう．この場合，図 5.3 でも説明したように，$G_z(t)$ は $t \to 0$ で 0 に向かって指数関数的に減衰する（図 5.9 c)）．これ以降，電子が遍歴的かどうかにかかわらず，格子点上で有限の期待値 $\langle \mathbf{S}_{{\rm e}(i)} \rangle$ を持つ場合を簡便に「局在電子スピン」と呼ぶことにする．局在電子スピンの揺らぎが高速 ($\nu \geq \Delta$) である場合，**絶縁体**中のミュオン偏極の動的緩和は縦緩和率

$$\frac{1}{T_1} \simeq \frac{\Delta^2 \nu}{\omega_\mu^2 + \nu^2} = \frac{2\gamma_\mu^2 A_\mu^2 \nu}{\omega_\mu^2 + \nu^2} \tag{5.61}$$

で与えられる [41]．Δ は式 (5.60) の 2 次モーメントであり，ここでは縦緩和率を決める時定数の役割を果たしていることに注意しよう．なお，式 (5.61) は前節の式 (5.43) 中の緩和率とまったく同じで，核磁子による超微細相互作用定数 Δ を単純に電子のそれに置き換えた形になっている．

一方，**金属**中の場合には，フェルミ面近傍の電子状態のみが緩和に寄与する（そのような状態に対応する波動関数 Ψ の電子のみが $\langle \mathbf{S}_{{\rm e}(i)} \rangle$ を与える）ことを

考慮して，

$$\frac{1}{T_1} \simeq \frac{k_B T \chi}{N_A \mu_B^2} \cdot \frac{\Delta^2 \nu}{\omega_\mu^2 + \nu^2} \tag{5.62}$$

となる．ここで χ は帯磁率[5)]，N_A はアボガドロ数で，式 (5.61) に加わった因子はフェルミ面近傍の電子の状態密度 $D(E_F)$ に対応する．

ついでに，$\langle \mathbf{S}_{e(i)} \rangle$ が小さく，フェルミ接触項が支配的な場合を見ておこう．フェルミ面での単位体積の 1 スピンあたりの状態密度を $D(E_F)$ とすると，1 個の電子あたりのフェルミ接触項による有効磁場および超微細相互作用定数は式 (5.56) から

$$\mathbf{B}_c = -\frac{4\pi}{3} \gamma_e \hbar |\Psi(0)|^2 \tag{5.63}$$

$$|\Delta_c| = \gamma_\mu \mathbf{B}_c = \frac{4\pi}{3} \gamma_\mu \gamma_e \hbar |\Psi(0)|^2 \tag{5.64}$$

となり，これを用いて

$$\Delta^2 = \Delta_c^2 D(E_F) k_B T \tag{5.65}$$

と与えられる．フェルミ面上の電子の揺らぎはハイゼンベルグの不確定性関係から

$$\nu \simeq \frac{1}{\hbar D(E_F)} \tag{5.66}$$

と見積もられるので，対応するスピン縦和率は

$$\frac{1}{T_1} \simeq \frac{\Delta^2}{\nu} = \frac{1}{\hbar} \Delta_c^2 [D(E_F)]^2 k_B T \tag{5.67}$$

となって，状態密度の二乗に比例することがわかる．

縦緩和率と揺らぎの周波数の関係

ところで，式 (5.61) や式 (5.62) から明らかなように，実際に実験で電子スピンの揺らぎによると見られる縦緩和が観測された場合，その緩和率 $(1/T_1)$ からスピン揺らぎの周波数 (ν) を導出するためには時定数である Δ を知る必要がある．ν と独立に Δ を知るための手法としては以下の 2 つが挙げられる．1 つは同一の ν（例えば同じ温度）に対し $1/T_1$ の磁場依存性を調べるやり方である．例えば式 (5.61) では，$1/T_1$ は $\nu \leq \omega_\mu$ という揺らぎが比較的遅い領域で

$$\frac{1}{T_1} \simeq \frac{\Delta^2 \nu}{\omega_\mu^2} \tag{5.68}$$

[5)] 正確には，動的帯磁率の虚部 $x''(\boldsymbol{q} \cdot \omega)$ を $\boldsymbol{q} \simeq 0$ 付近で代表させた値である．

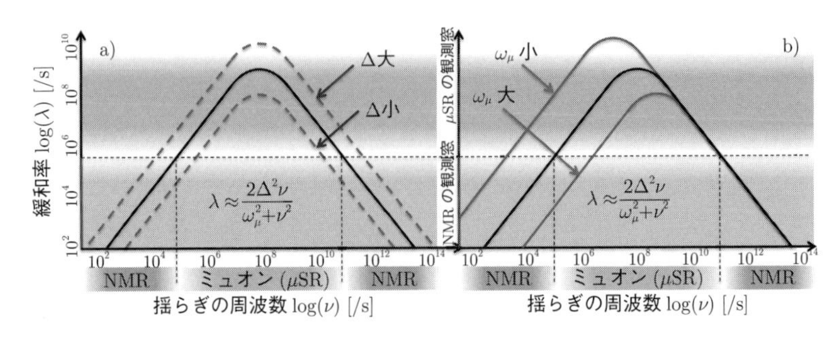

図 **5.10**　a) 縦緩和率 $(1/T_1)$ を磁場 $(B_0 = \omega_\mu/\gamma_\mu)$，および，b) 揺らぎの周波数 (ν) の関数として計算した例．a) では $B_0 = 0$ で $1/T_1$ が同じになるように Δ をスケールしてある．b) $1/T_1$ は $\nu \simeq \omega_\mu$ でピークを持ち，その両側にある 2 つの ν の値が同じ $1/T_1$ を与える．しかし，a) からも明らかなように $\nu \gg \omega_\mu$（「動的先鋭化」の領域）では $1/T_1$ は外部磁場に依存しなくなるので，縦緩和率の磁場依存性を調べることにより揺らぎが $\nu \gg \omega_\mu$ あるいは $\nu \ll \omega_\mu$ いずれの領域にいるかを知ることができる．参考までに核磁気共鳴 (NMR) との有感領域の違いも示した．

と近似され，緩和の時定数が実効的に Δ^2/ω_μ^2 で決まる．したがって，図 5.10 b) に示したような $1/T_1$ の磁場依存性カーブを測定し，これを式 (5.61) あるいは (5.62) で解析すれば，Δ と ν を同時に求めることができる．一方，$\nu \geq \omega_\mu$ の領域では，同じ式 (5.61) は

$$\frac{1}{T_1} \simeq \frac{\Delta^2}{\nu} \tag{5.69}$$

となり，$1/T_1$ は ω_μ に依存しなくなる．したがって，この領域で緩和率から揺らぎの周波数を評価するためには，何か別の手段で Δ を決める必要がある．

$1/T_1$ の磁場依存性が揺らぎの周波数 ν によってどう変化するのかを見るために式 (5.61) を用いて計算した例を図 5.10 に示す．$1/T_1$ は $\nu \simeq \omega_\mu$ でピークを持ち（「T_1 極小」とも呼ばれる），これを境に ω_μ と揺らぎの周波数 ν との大小関係によって縦緩和率の磁場依存性は大きく変わる．また，Δ（この例では $\sim 10^8\ \mathrm{s}^{-1}$）は緩和率の上限を与え，これによって観測時間窓に入る ν の範囲も変化する．

ここで図 5.9 c) に戻ると，破線で描かれたスペクトルは縦磁場 (LF) の印加により縦緩和率が減少する場合に対応し，ν は図 5.10 b) でピークの左側，$\nu \leq \omega_\mu$ の領域にあることを示している．

ミュオン・ナイトシフト

超微細相互作用定数を調べるもう 1 つの手段は，外部磁場に対するミュオン位置での内部磁場のずれ（周波数シフト）を精密に測定する方法である．シフトの相対的な大きさ K_μ は，電子が外部磁場に対して偏極する度合い，すなわち帯磁率 χ に比例するはずで，A_μ はその比例係数として実験的に決めることができる．核磁気共鳴では特に金属中で観測される周波数シフトをナイトシフト (Knight shift) と呼ぶが，本節ではこの呼称を広く「外部磁場によるミュオン周辺電子の偏極に伴うシフト」という意味で対象を金属に限らずに用いることにする．

通常の一様帯磁率の測定では，往々にして不純物などからの寄与が無視できず，測定データから注目している電子系の帯磁率を曖昧さなく評価抽出することは容易でない．ところが，μSR や核磁気共鳴で測定されるナイトシフトは，超微細相互作用によって注目する電子系をある程度選択的に観測することで不純物の影響を排除できる．したがって，ナイトシフトは単に超微細相互作用定数を調べる手段というよりも，「真にバルク敏感な帯磁率を測定可能にする」という物理的に重要な意味を持つ．以下で示すように，ナイトシフトと一様帯磁率が比例するかどうかは，後者が注目する電子系の情報を反映しているかどうかを判定する指標となるのである．

なお，ナイトシフトを考える上での NMR との大きな違いは，水素核同位体として $1s$ 軌道しか持たないミュオンでは通常の常磁性シフトやヴァン・ヴレック磁化率（いずれも内殻電子の軌道角運動量 $\mathbf{l}_i$ による）を考慮する必要がない点である [6]．そのため，ミュオン・ナイトシフトの解釈は原子番号が大きな核の NMR のそれに比べて曖昧さが少ない，というメリットがある．

ここで簡単のために，いま注目する物質（金属）の電子状態が等方的だとしよう．伝導電子の偏極によるパウリ常磁性シフトを K_0，各電子軌道からの寄与を K_s，K_d などとし，超微細相互作用のフェルミ接触項を A_c，アボガドロ数を N_A，巨視的な帯磁率を $\chi_\parallel$ とすると，外部磁場 $B_0 = \omega_0/\gamma_\mu$ を $\hat{z}$ 方向に印加したときのミュオン・ナイトシフトは

$$
\begin{aligned}
K_\mu &= \frac{\omega_\mu - \omega_0}{\omega_0} \\
&= K_0 + K_\mathrm{s} + K_\mathrm{d} + \ldots
\end{aligned}
$$

[6] 一方，ミュオンの化学シフトは，水素同位体としてのミュオンの電子状態，特に $\mathrm{Mu}^+ (= \mu^+)$ と Mu^-（負イオン状態）を区別する上で重要である．

$$\simeq K_0 + \gamma_{\rm e}(A_{\rm c} + \hat{A}^{zz})\chi_{\parallel}\frac{1}{N_A\mu_B} + ..., \tag{5.70}$$

と表される（前節までは暗に $\omega_\mu = \omega_0$ と仮定したことに注意）．一方，帯磁率の方は，パウリ常磁性に対応する項を χ_0，各電子軌道に対応する項を $\chi_{\rm s}$，$\chi_{\rm d}$ などとした場合，

$$\chi(T) = \chi_0 + \chi_{\rm s} + \chi_{\rm d} + ... = \chi_0 + \chi_{\parallel}, \tag{5.71}$$

と表される．先にも触れたように $A_{\rm c}(\propto \chi_{\rm s})$ は通常小さく，$K_0(\propto \chi_0)$ も同様であるが，いずれにせよこれらは温度に依存しない．これに対し，d 電子や f 電子からの寄与が存在する場合，これらが電子相関により有限の $\langle \mathbf{S}_{{\rm e}(i)} \rangle$ を持つことで $\chi_{\parallel}$ がキュリー・ワイス則

$$\chi_{\parallel} = \frac{C}{T - \theta_{\rm W}} \tag{5.72}$$

に従う振る舞いを示し，温度とともに変化する．ナイトシフトが表す局所帯磁率が巨視的な帯磁率を反映したものであれば，K_μ も $\chi_{\parallel}$ に比例して変化するので，同一の物質に対して $K_\mu(T)$ と $\chi_{\parallel}(T)$ の温度依存性を測定し，温度 T を内部パラメータとしてそれらをプロットすると図 5.11 a) のように直線に載ることが予想される（NMR に習い，これを K-χ プロットと呼ぶ）．したがって，式 (5.70) からも明らかなように，Δ の $\hat{z}$ 成分 $(\gamma_\mu \hat{A}^{zz})$ はその傾き

$$\gamma_{\rm e}\hat{A}^{zz} = N_A\mu_B\frac{dK_\mu}{d\chi_{\parallel}} \tag{5.73}$$

として実験的に決めることができる．一方，式 (5.24)，(5.60) から超微細相互作用定数は $1\mu_B$ あたり

$$\left\langle \left(\hat{A}^{zz}\right)^2 \right\rangle = \sum_i \left[\frac{1}{r_i^3}\left(1 - \frac{3z_i^2}{r_i^2}\right)\right]^2 \tag{5.74}$$

であるので，あらかじめ $\langle \mathbf{S}_{{\rm e}(i)} \rangle$ の大きさがわかっている場合には，式 (5.73) と式 (5.74) を比べることで，r_i の値を再現できるようなミュオンサイトを絞り込むことができる．あるいは，核磁気モーメントによる Δ の大きさからミュオンサイトに目星がついている場合には，式 (5.73) と式 (5.74) の比較から $\langle \mathbf{S}_{{\rm e}(i)} \rangle$ の大きさを見積もることも可能である．

いずれにせよ重要なことは，ナイトシフトと帯磁率が比例する（すなわち K-χ

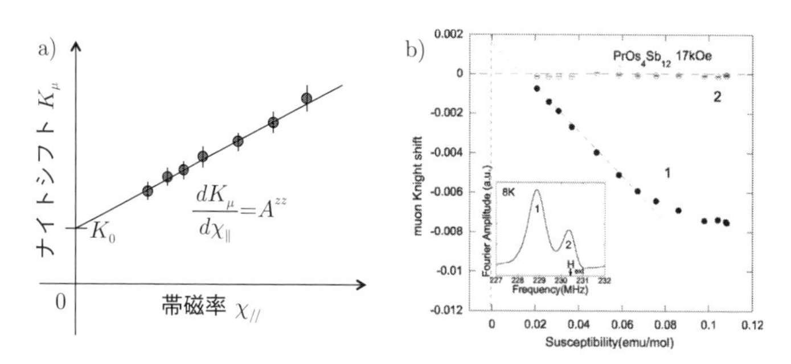

図 **5.11** a) 温度 (T) を内部変数として，ミュオン・ナイトシフト $K_\mu(T)$ を帯磁率 $\chi_\parallel(T)$ に対してプロットにした場合の模式図（K-χ プロット）．その勾配は超微細相互作用定数の $\hat{z}$ 成分 $\hat{A}^{zz}$ に比例し，$K_\mu(T)$ 軸の切片はパウリ常磁性項 K_0 を与える（図は $\hat{A}^{zz}>0$ の場合に対応）．b) 実験的に求められた K-χ プロットの例（$PrOs_4O_{12}$：文献 [42] より）．

プロットが直線となり，超微細相互作用定数が求まる）ということは，観測された帯磁率が注目している電子系の本質的な性質であることを証拠立てている，という点である．

なお，ミュオンの位置から見た結晶格子の対称性が立方対称性を持たない場合，主に磁気双極子相互作用で支配される超微細相互作用は異方的になり，ナイトシフトも異方的に振る舞う．

ここで，典型的な例として一軸異方性を持つ物質を考えよう．この場合，単結晶を用いた測定で得られるシフトと，粉末結晶を用いたそれとの関係を知っておくと便利である．いま，対称軸を c 軸，それに垂直な軸を a 軸とし，それぞれの軸方向に磁場を印加したときに得られるシフトを $K_\parallel$，$K_\perp$ とすると，磁場 $\mathbf{B}_0$ が c 軸から角度 θ だけ傾いている場合のシフトは

$$K(\theta) = K_\parallel \cos^2\theta + K_\perp \sin^2\theta \tag{5.75}$$

と表される．これは，磁場 $\mathbf{B}_0$ の c 軸方向成分 $B_{0(c)} = B_0\cos\theta$ による c 軸方向でのシフトの大きさが $\delta B = K_\parallel B_0 \cos\theta$ であるのに対し，観測されるシフトはその $\mathbf{B}_0$ への射影 $\delta B\cos\theta = K_\parallel B_0\cos^2\theta$ だからである．同様の見積もりを垂直成分についても行うと $K_\perp B_0 \sin^2\theta$ となる．

一方，粉末試料での測定と対応づける上で便利な量として等方的シフト K_i と異方的シフト K_a がある．前者は角度 θ に依存しないシフトであり，

$$K(\theta) = K_\mathrm{i} + K_\mathrm{a}(3\cos^2\theta - 1) \tag{5.76}$$

で定義される．$\int(3\cos^2\theta-1)d\cos\theta=0$ であることからわかるように，粉末試料で測定されるシフトは K_{i} である．これと式 (5.75) との比較から

$$K_{\mathrm{i}}=\frac{K_{\parallel}+2K_{\perp}}{3},\quad K_{\mathrm{a}}=\frac{K_{\parallel}-K_{\perp}}{3} \tag{5.77}$$

であることがただちに導かれる．つまり，粉末試料におけるナイトシフトは $K_{\parallel}$ と $K_{\perp}$ の加重平均となっている．

5.4 超伝導体中のミュオン

μSR という手法が持つ大きな特徴の 1 つは，空間的に不均一な磁場 B の分布を［密度分布 $n(B)$ という形で］調べることに適している点である．この特徴を活かして近年大きく進化を遂げたのが，μSR による第 2 種超伝導体中の磁束（渦糸）格子状態の研究である．磁束格子による磁場分布は温度や磁場によって大きく変化するが，横磁場 μSR を用いれば広い温度・磁場領域にわたってこれを直接測定することができる．本節では，μSR で観測される磁場分布 $n(B)$ が超伝導を特徴付ける 2 つの重要な長さスケール，磁場侵入長 λ(magnetic penetration depth) とコヒーレンス長 ξ(coherent length) にどのように依存するのかを概観する．実はこの 2 つの量にはさまざまな超伝導の物理が絡んでおり，実験的に得られる量と理論上で定義されるそれとの関係は必ずしも自明ではない．その辺に注意を払いながら，ここでは次章で具体的な例を検討するための予備知識をまとめる．

2 つの長さスケール：磁場侵入長とコヒーレンス長

超伝導状態の持つ顕著な性質として完全反磁性 (perfect diamagnetism) がよく知られている．完全反磁性の状態を電気力学的に見ると，超伝導体内にはちょうど内部磁場をゼロにするような超伝導電流 $\mathbf{J}$（永久電流 persistent current）が流れ，試料内への磁場を打ち消していると考えられる．ただし，電流密度が有限であるために超伝導体表面からある一定深さ λ_{L} までは磁場が有限に残る．ロンドン兄弟はこの電気力学的応答が

$$\mathbf{B}(\mathbf{r})=-\mathrm{rot}(\Lambda\mathbf{J})=-\mathrm{rot}[\lambda_{\mathrm{L}}^2\mathrm{rot}\mathbf{B}(\mathbf{r})] \tag{5.78}$$

$$\Lambda=\frac{4\pi\lambda_{\mathrm{L}}^2}{c}=\frac{m}{n_{\mathrm{s}}e^2} \tag{5.79}$$

という簡明な方程式（cgs 単位系）で記述されることを示した．ここで，$n_{\rm s}$ は超伝導電流を担うキャリアの数密度，m はキャリアの質量を表し，式 (5.78) の右辺を得るためにマックスウェルの関係式 $\mathrm{rot}\mathbf{B}(\mathbf{r}) = 4\pi\mathbf{J}/c$ を用いている [7]．式 (5.78) はロンドン方程式 (London equation) と呼ばれ，そこに現れる長さスケール $\lambda_{\rm L}$ はロンドンの磁場侵入長と呼ばれる．この方程式は基本的にはマックスウェル方程式を拡張しただけの現象論であるが，超伝導の特徴をよく捉えており，後に超伝導の本質を正確に理解する上で大きな足がかりになった．

ところで，ロンドン方程式に登場する磁場侵入長 $\lambda_{\rm L}$ はあくまで現象論的なパラメーターであり，現実の物理量との対応づけが必要である．超伝導転移温度 $T_{\rm c}$ よりずっと低温 ($T \ll T_{\rm c}$) では $n_{\rm s}$ が全伝導電子の数密度 $n_{\rm c}$ という上限値（正確にはその半分）に近づくと考えれば，式 (5.79) より $\lambda_{\rm L}$ も低温極限で物質固有の $n_{\rm c}$ で定まる値

$$\lambda_{\rm L}^2(0) = \frac{mc^2}{4\pi e^2 n_{\rm c}} \tag{5.80}$$

に収束すると予想されるので，この関係を実験的に確かめればよい．というわけで，式 (5.79) が発表された後，当時知られていた超伝導体（主に単純金属）について高周波の侵入深さが測定された．その結果，実測値 λ が予想される $\lambda_{\rm L}(0)$ よりも常に長い，という事実が明らかになってきた．そこでピッパードは，新たな長さスケールとして超伝導を担う電子波が持つ空間的な広がり ξ_0 を想定し，これがハイゼンベルグの不確定性関係から

$$\xi_0 = a\frac{\hbar v_F}{k_B T_{\rm c}} \tag{5.81}$$

と見積もられることを示した．ここで v_F はフェルミ面での電子の速度，a は 1 のオーダーの定数である．これは，見ている現象がフェルミ面近傍のエネルギー幅 ($\sim k_B T_{\rm c}$) の範囲に状態を持つ電子のみによって起きているとすると簡単に導かれる．なぜなら，そのような電子の運動量 p の広がりは $\delta p \simeq k_B T_{\rm c}/v_F$ であり，これから位置の広がりは $\delta x \simeq \xi_0 \geq \hbar/\delta p$ となるからである．ピッパードはもともと電気抵抗の非局所モデルを応用する形で電子の広がりの効果を論じ

[7] 今，電流は勝手に湧いてこないとすると $\mathrm{div}\mathbf{J} = 0$ で，$\mathbf{J} \propto \mathbf{A}(\mathbf{r})$ であるから超伝導体内で $\mathrm{div}\mathbf{A}(\mathbf{r}) = 0$ となる．一般にベクトルポテンシャルは不定性（ゲージ不変性 gauge invariance）を持つが，ここでの仮定はそのような不定性を除去（ゲージを固定）することに対応し，ロンドンゲージと呼ばれる．なお，この節ではあらわに示していないが，実際の超伝導状態においてはクーパー対が単位となって電荷を運ぶので，式 (5.79) では（電子の質量を $m_{\rm e}$ として）m を $2m_{\rm e}$，e を $2e$ に置き換える必要がある．

ており，ξ_0 が常伝導金属での平均自由行程 ℓ（mean free path, 電子が散乱を受けずに電場で加速される距離）と同じ役割を果たしている，つまり超伝導キャリアが外場（ベクトルポテンシャル $\mathbf{A}(\mathbf{r})$）に対してコヒーレントに応答する領域の長さを表しているとの認識から，現実の超伝導体でのコヒーレンス長は

$$\frac{1}{\xi} = \frac{1}{\xi_0} + \frac{1}{\ell} \tag{5.82}$$

となることまで予言している．いずれにせよ，$\xi_0 > \lambda_L$ であれば，実効値としての磁場侵入長は ξ_0 で支配されることになる．この関係は実験的にも確かめられ，超伝導の非局所性を見事に捉えたものとなっている．

このように，初期に見つかった超伝導体の多くはコヒーレンス長の方が磁場侵入長より長く，ある臨界磁場 H_c 以上で超伝導状態は完全に破壊される．これらは第1種超伝導体 (type I superconductors) と呼ばれている．

磁束格子状態とロンドンモデル

超伝導状態では2つの電子がクーパー対 (Cooper pair) と呼ばれる状態を形成しているが，この状態は有限の磁場（ベクトルポテンシャル）によって壊される．そのため，第1種超伝導体の内部では前述のように磁場は完全に排除される．一方，$\xi_0 < \lambda_L$ ではまったく別の状態が実現する．これは，ベクトルポテンシャル $\mathbf{A}(\mathbf{r})$ によるクーパー対波動関数の位相のずれが 2π の整数倍という特別の条件を満たす場合，波動関数は元の波に重なり，電子どうしが再び対を形成することができるようになることによる．仮に磁束が超伝導状態を壊すことなく超伝導体を貫通する場合には，この条件によって磁束の量子化が起こっていることを意味し，実際にもリング状の超伝導体でリング内を通る磁束の量子化として観察されている．その最小単位 $\Phi_0 = hc/2e$ を磁束量子 (quantum flux) と呼ぶ．言い換えれば，超伝導状態は磁束量子とは共存できるわけである．アブリコソフは，$\xi_0 < \lambda_L$ を満たす超伝導体では磁場を完全に排除するよりは整数個の磁束量子を内部に含んだ状態（これを混合状態 mixed state と呼ぶ）の方が全体として自由エネルギーが下がることを予言し，実際，のちにそのような合金系超伝導体が続々と発見された．これらを第2種超伝導体 (type II superconductors) と呼ぶ[8]．

超伝導体のある断面の面積を S とすると，磁束量子は下部臨界磁場 (lower

[8] 第1種と第2種の違いを直感的に理解するには，例えば超伝導を「水」，磁場を「油」とに喩えてみればよい．両者の界面で $\xi_0 < \lambda_L$ とは「疎水性」の領域より「親水性」

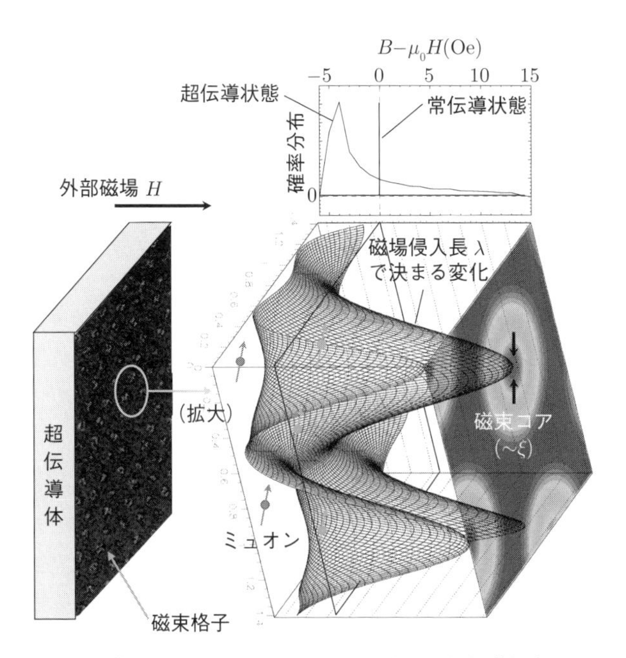

図 5.12 第 2 種超伝導体の磁束格子状態の概念図．右下は超伝導体内部の磁場分布 $B(r)$ を等高線で表したもの，右上はその密度分布関数 $n(B)$（口絵 1 参照）．

critical field, H_{c1}，これ以下の磁場では第 1 種超伝導体と同じく完全反磁性を示す) を超える外部磁場 H に対して $H \simeq n\Phi_0/S$ を満たす程度の本数 n だけ超伝導体内に侵入し，ローレンツ力による相互の反発を最小にするような格子状態に並ぶ．これを磁束格子 (vortex lattice)，あるいは渦糸格子 (flux line lattice) とも呼ぶ．磁束格子の形は主として磁束を巡る超伝導電流の異方性で決まっており，特に異方性がない場合には三角格子を取ることが知られている．図 5.12 に模式的に示したように，磁束格子状態では磁束を周回する超伝導電流によって中心から周辺へとおよそ磁場侵入長程度で内部磁場が押さえられる．また，磁束中心付近ではコヒーレンス長程度の範囲で超伝導が抑制された状態になっている．このような試料中に注入されたミュオンは，磁束による磁場分布をランダムにサンプリングすることになる．

我々は磁束格子状態での磁場分布に関心があるので，まずは前述のロンドン

領域が長い状況に対応し，そのような界面を増やす方が表面エネルギーが下がる，つまり油が粒子状になって水中に分散する．これが磁束を超伝導体内に分散させてエネルギーを得する理由である（逆に $\xi_0 > \lambda_L$ なら両者の界面は最小になるよう分離していた方がエネルギー的に得になる）．

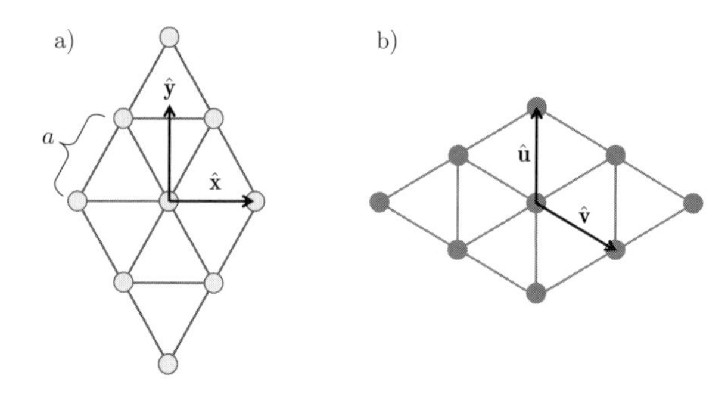

図 5.13　磁束格子とその逆格子空間．三角格子の場合，デカルト座標（単位ベクトル $\hat{\mathbf{x}}$, $\hat{\mathbf{y}}$）上の格子の向きを a) のように取ると，その逆格子空間におけるベクトル $\mathbf{K}$ は b) の $\hat{\mathbf{u}}$, $\hat{\mathbf{v}}$ を用いて式 (5.86) のように表される．

モデルでどこまで理解できるかを眺めてみよう．いま外部磁場の向きを $\hat{z}$ 軸に取ると，磁束格子状態の電気力学は式 (5.78) に磁束をデルタ関数で $\Phi_0\delta(\mathbf{r}-\mathbf{r}_i)$ と近似したもの（ここで $\mathbf{r}_i$ は i 番目の磁束中心の座標）を線形に重ね合わせた項を付け加えて得られる方程式

$$B(\mathbf{r})-\lambda_{\mathrm{L}}^2\nabla^2B(\mathbf{r})=\hat{z}\Phi_0\sum_i\delta(\mathbf{r}-\mathbf{r}_i) \tag{5.83}$$

で記述される．この方程式の解はフーリエ変換することで簡単に求まり，対応する磁場分布 $\mathbf{B}(\mathbf{r})=(0,0,B(\mathbf{r}))$ は

$$B(\mathbf{r}) = \sum_{\mathbf{K}} b(\mathbf{K})\exp(-i\mathbf{K}\cdot\mathbf{r}) \tag{5.84}$$

$$b(\mathbf{K}) = \frac{B_0}{1+\lambda_{\mathrm{L}}^2K^2}\,, \tag{5.85}$$

となる．ここで $\mathbf{K}$ は磁束格子の逆格子ベクトル，B_0 $(\simeq H)$ は平均磁場で，三角格子の場合には $\mathbf{K}$ は図 5.13 のように定義される単位ベクトル $\hat{\mathbf{u}}$, $\hat{\mathbf{v}}$ を用いて，

$$\mathbf{K} = l\hat{\mathbf{u}}+m\hat{\mathbf{v}},\quad (l,m=0,\pm1,\pm2...) \tag{5.86}$$

$$\hat{\mathbf{u}}=\frac{2\pi}{a}\frac{2}{\sqrt{3}}\hat{\mathbf{y}},$$

$$\hat{\mathbf{v}}=\frac{2\pi}{a}(\hat{\mathbf{x}}-\frac{1}{\sqrt{3}}\hat{\mathbf{y}}), \tag{5.87}$$

と与えられる．式 (5.84) は一見もっともらしい分布を与えているが，そのままでは磁束中心に向かって超伝導電流の強さが無限大になり，磁場も $B(r)\propto\ln(\lambda/r)$

と対数的に発散する．しかし，これはロンドン方程式の局所近似を引き継いだことによるもので，磁束量子による超伝導の抑制が無限小の領域（特異点）に閉じ込められているという非物理的な仮定に由来するものである．実際にはクーパー対を形成する電子の密度 $n_{\rm s}$ は磁束中心からコヒーレンス長程度の範囲で中心に向かって徐々にゼロになり，超伝導電流も減衰するので，磁束中心付近の $n_{\rm s}$ および対応する磁場分布 $\mathbf{B}(\mathbf{r})$ を正確に知る必要がある．言い換えれば，磁束の中心付近で超伝導がどのように抑制されているのかを詳しく眺めれば，超伝導状態についての重要な情報が得られることを示唆している．

ギンズブルグ-ランダウ理論

アブリコソフが磁束格子状態の予言へと導かれる際に重要な役割を果たしたのがギンズブルグ-ランダウ (GL) 理論である．これにより，我々はロンドンモデルを超えて，空間的に不均一な超伝導状態を理解できるようになる．ただし，後に触れるようにこれだけでは磁束格子状態を完全に理解する上で足りない部分もある．

GL 理論では，超伝導状態が**マクロな電子状態の波動関数（複素数）としての秩序変数** $\psi(\mathbf{r})$ で表されるという洞察の下，熱力学的自由エネルギー F が ψ と $\nabla\psi$ で級数展開できると仮定する（これは $|\psi|^2$ が比較的小さな値のときに有効な近似である）．F が最小になるような条件での $\psi(\mathbf{r})$ がわかれば，秩序変数が空間的に変化する様子や，磁場による非線形効果などを調べることができる．

具体的には，F が実数であるのに対し ψ が複素数であることを考慮し，α, $\beta(>0)$ を適当なパラメーターとして磁場中の自由エネルギーを $|\psi|^2$ について

$$F = F_{\rm n} + \alpha|\psi|^2 + \frac{\beta}{2}|\psi|^4 + \frac{1}{4m_{\rm e}}|(\frac{\hbar}{i}\nabla - \frac{2e}{c}\mathbf{A})\psi|^2 + \frac{H^2}{8\pi} \tag{5.88}$$

と級数展開した形を考える．ここで $F_{\rm n}$ は常伝導状態の自由エネルギーである．式 (5.88) を極小にする条件として変分原理を適用すると，ψ についての微分方程式

$$\alpha\psi + \beta|\psi|^2\psi + \frac{1}{4m_{\rm e}}\left[\frac{\hbar}{i}\nabla - \frac{2e}{c}\mathbf{A}\right]^2\psi = 0 \tag{5.89}$$

が得られ，対応する式 (5.78) の超伝導電流

$$\mathbf{J} = \frac{e\hbar}{i2m_{\rm e}}(\psi^*\nabla\psi - \psi\nabla\psi^*) - \frac{2e^2}{m_{\rm e}c}|\psi|^2\mathbf{A} \tag{5.90}$$

を定義することができる．

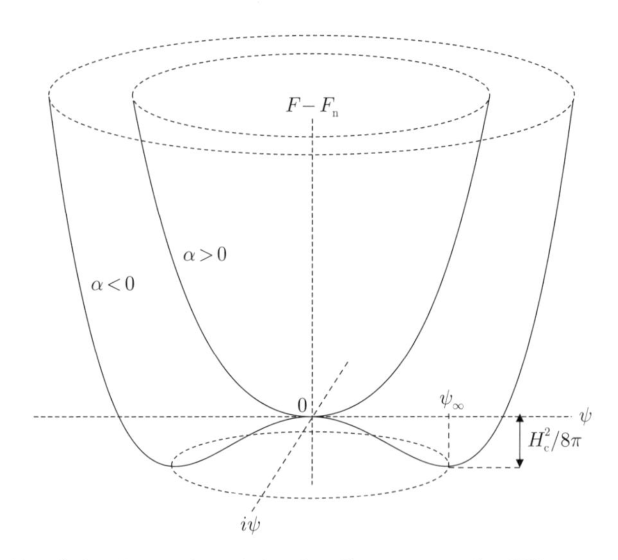

図 5.14　ギンズブルグ-ランダウの自由エネルギー $F(\psi)$．2次の係数 $\alpha > 0$ が $T > T_c$，$\alpha < 0$ が $T < T_c$ に対応する．秩序変数は $F(\psi)$ の極小値を与える $\psi = \psi_\infty$ に定まる（簡単のために実数の場合を示した）．

図5.14に示されるように，F は α の符号によってその振る舞いが分かれる．ここで，まず $\alpha < 0$ の場合に極小の F を与える $|\psi|^2$ を $|\psi_\infty|^2 = -\alpha/\beta$ とすると，ゼロ磁場，T_c 近傍で $\nabla\psi \sim 0$ のときに期待される振る舞いから，$|\psi|^2 \simeq n_s$，$H_c^2/8\pi = -\alpha^2/2\beta$，およびロンドンモデルでの超伝導体のエネルギー密度との比較から得られる有効磁場侵入長

$$\lambda_{GL}^2 = \frac{m_e c^2}{8\pi|\psi|^2 e^2} \tag{5.91}$$

という関係式を用いて，式(5.88)中のパラメーターは

$$|\psi_\infty|^2 = \frac{m_e c^2}{8\pi e^2 \lambda_{GL}^2} \tag{5.92}$$

$$\alpha = -\frac{2e^2}{m_e c^2} H_c^2 \lambda_{GL}^2 \tag{5.93}$$

$$\beta = \frac{16\pi e^4}{m_e^2 c^4} H_c^2 \lambda_{GL}^4 \tag{5.94}$$

と評価される．

さらに，ψ の形を調べるために，ゼロ磁場 ($\mathbf{A} = 0$) で ψ が1次元実数の場合について式(5.89)の微分方程式を書き直してみると，$f = \psi/\psi_\infty$ として

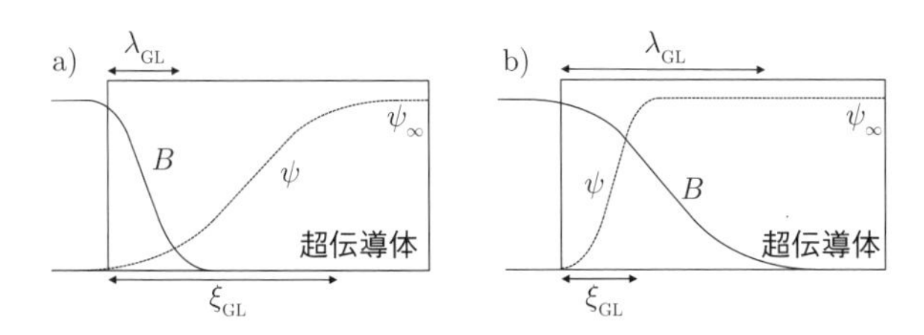

図 5.15 磁場侵入長 (λ_{GL}) とコヒーレンス長 (ξ_{GL}) の大小関係．a) $\kappa < 1/\sqrt{2}$ では第1種超伝導体，b) $\kappa > 1/\sqrt{2}$ では第2種超伝導体となる．

$$\frac{\hbar^2}{4m_e|\alpha|}\frac{d^2 f}{dx^2} + f + f^3 = 0 \tag{5.95}$$

となり，d^2/dx^2 の係数から x に対する f の変化を特徴づける長さスケール

$$\xi_{GL} = \sqrt{\frac{\hbar^2}{4m_e|\alpha|}} \tag{5.96}$$

を新たに定義することができる．これがギンズブルグ-ランダウのコヒーレンス長と呼ばれる長さである．この式に式 (5.93) の α を代入すると

$$\xi_{GL} = \frac{\hbar c}{2e}\cdot\frac{1}{\sqrt{2}H_c\lambda_{GL}} = \frac{\Phi_0}{2\sqrt{2}\pi H_c\lambda_{GL}} \tag{5.97}$$

$$\Phi_0 \equiv \frac{hc}{2e} = 2.07\times 10^{-15}\ \ \mathrm{T\cdot m^2} \tag{5.98}$$

となる．Φ_0 は前出の磁束量子である．アブリコソフはこの GL 理論を用い，周期的に並んだ磁束（渦糸）を与えるような $\mathbf{A}$ に対して $|\psi| > 0$ ととなるような解が存在することを示し，その条件が，式 (5.97) から導かれる H_c よりも上部臨界磁場 $H_{c2} = \Phi_0/2\pi\xi_{GL}^2$ が大きい，すなわち

$$\kappa \equiv \frac{\lambda_{GL}}{\xi_{GL}} > \frac{1}{\sqrt{2}} \tag{5.99}$$

であることを明らかにした（図 5.15）．この物質ごとに決まる定数 κ をギンズブルグ-ランダウのパラメーターと呼ぶ．

さて，ここで GL 理論に現れる 2 つの長さスケール，λ_{GL}[式 (5.91)] および ξ_{GL}[式 (5.97)] を，先に導入した λ_L，ξ_0 と比較してみよう．まず，λ_{GL} は熱力学的な量であり，秩序変数 $|\psi|^2$（＝超流体密度）の温度変化を直接的に反映して $T \to T_c$ で発散する．一方，λ_L は局所近似の電気力学に登場する定数であるが，

超流体密度 n_s によって変化する量でもある．したがって，λ_L を温度によって変化する磁場侵入長 $\lambda_\mathrm{L}(T)$ と定義しなおせば，

$$\lambda_\mathrm{GL} \simeq \lambda_\mathrm{L} \tag{5.100}$$

という関係が成り立つと考えてよいだろう．ただしロンドン方程式の局所近似が正しいのは T_c 近傍に限られる，という意味では，この関係も T_c 近傍についてのみ意味を持つ．

類似のことはコヒーレンス長についても成り立つ．すなわち，熱力学量としての ξ_GL は温度に依存し，やはり $T \to T_\mathrm{c}$ で発散する [式 (5.96) で $\alpha \to 0$ となることに注意]．一方で，ξ_0 はフェルミ面上でクーパー対を形成している電子の平均的な相関距離を表している，という意味では温度によらない（物質のみに依存する）定数である．この違いは結局，T_c 付近では ξ_GL が対を組んでいない電子のそれ ($\xi_0 \sim \infty$) も含んだ加重平均になっているからとも考えられ，両者は低温のみで一致する，すなわち

$$\xi_\mathrm{GL}(T \to 0) \simeq \xi_0 \tag{5.101}$$

という関係が予想される．

なお，ここで思い出さなければならないことは，GL 理論は $|\psi|$ が小さい領域，すなわち T_c 近傍ではよい近似になっていることは確かであるものの，$T \to 0$ という状況で λ_GL や ξ_GL が有効なものかどうかは自明でないことである．$T \ll T_\mathrm{c}$ では，対凝縮状態の電子とそれからの励起（あたかも「粒子」のように振る舞うので準粒子励起と呼ばれる）を同等に扱う必要があり，固有値としての ψ を正しく求めるためには，超伝導の微視的理論である BCS 理論から出発して準粒子励起まで考慮したボゴリューボフ-ドジャン (BdG) 方程式を解く必要がある．とはいえ，ここから先は本書の範囲を超えるので他の専門書に譲ることとし，以下では BdG 方程式からの予言と GL 理論のそれがよく一致している領域での磁束状態について議論を進める．

磁束格子状態における磁場分布

GL 理論により磁束格子状態を正しく取り扱うことができるようになったところで，この理論から予想される秩序変数や磁場分布を眺めておこう．とはいえ，式 (5.89) から明らかなように，GL 方程式は非線形な微分方程式であり，そ

の解である秩序変数 ψ とベクトルポテンシャル $\mathbf{A}$（これから $\mathbf{B}(\mathbf{r}) = \mathrm{rot}\mathbf{A}(\mathbf{r})$ で磁場分布が求まる）を任意の境界条件について得るには数値計算によらなければならない．ここでは μSR 実験で主要な観測対象になる典型的な第 2 種超伝導体 $(\kappa \gg 1)$ について，$H_{\mathrm{c1}} \leq B \ll H_{\mathrm{c2}}$ の領域での GL 方程式の解を取り上げる．この場合，磁束中心から遠い場所 $(|\mathbf{r}-\mathbf{r}_i| \gg \xi_{\mathrm{GL}})$ では依然としてロンドンの局所近似が有効であり，磁束中心付近の秩序変数の変化とそれによる磁場分布を正確に取り入れることが問題となる．そこで，ロンドン方程式をベースにして磁束項を GL 理論の解 $\rho(\mathbf{r})$ で

$$B(\mathbf{r}) - \lambda_{\mathrm{L}}^2 \nabla^2 B(\mathbf{r}) = \hat{z}\Phi_0 \sum_i \rho(\mathbf{r}-\mathbf{r}_i) \tag{5.102}$$

と置き換えることで，対応する GL 方程式の解としての磁場分布

$$B(\mathbf{r}) = \sum_{\mathbf{K}} b(\mathbf{K}) \exp(-i\mathbf{K}\cdot\mathbf{r}) \tag{5.103}$$

$$b(\mathbf{K}) = \frac{B_0}{1+\mathbf{K}\hat{L}\mathbf{K}} F(K,\xi_{\mathrm{c}}), \tag{5.104}$$

および $\psi(\mathbf{r})$ を求めることにする．ここで $F(K,\xi_{\mathrm{c}})$ は ξ_0 程度の長さ ξ_{c} で与えられるカットオフ項，$\hat{L}$ は一般化された磁場侵入長で，やはり電気力学の非局所性により λ_{GL} が $\mathbf{K}$ に依存する可能性を考慮する場合の表現である．以下ではとりあえず局所近似を採用し，λ は「磁場分布を表すパラメーター」として扱うことにする．

$$1+\mathbf{K}\hat{L}\mathbf{K} = 1+\lambda^2 K^2$$

まず，中間的な磁場 $(B/H_{\mathrm{c2}} < 0.25)$ で有効な近似として，等方的な GL モデルで導かれるガウス型の磁束項

$$\rho(\mathbf{r}) = \frac{\Phi_0}{2\pi\xi_0^2} \exp\left(-\frac{r^2}{2\xi_0^2}\right). \tag{5.105}$$

が挙げられる．これを用いると，式 (5.104) に現れるカットオフ項はやはりガウス関数

$$F(K,\xi_{\mathrm{c}}) = \exp\left(-\frac{1}{2}K^2\xi_{\mathrm{c}}^2\right), \tag{5.106}$$

となる．式 (5.106) は本来 T_{c} 近傍でのみ正確な近似になっているはずだが，これは BdG 方程式の解として知られている秩序変数

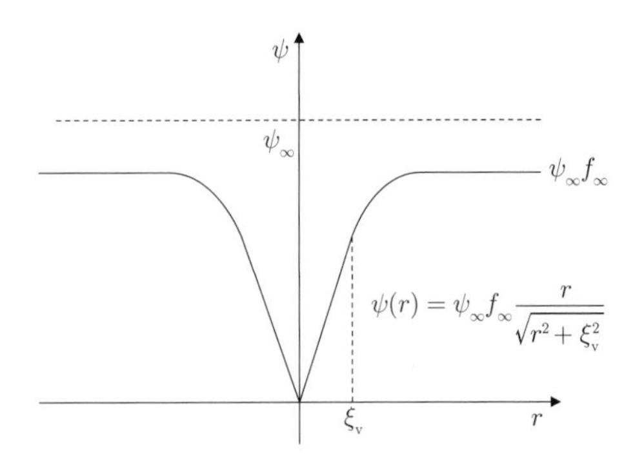

図 5.16　磁束（渦糸）の中心付近での超伝導秩序変数 $\psi(r)$ の空間変化．ここで r は磁束中心からの距離．r が増大するに従って秩序変数が回復するまでの特徴的な長さ $\xi_{\rm v}$ はコヒーレンス長とおよそ一致し，この領域 $(r \leq \xi_{\rm v})$ を磁束コアと呼ぶ．なお，高磁場中では無限遠 $(\psi(r \to \infty) = \psi_\infty f_\infty)$ でもゼロ磁場中の値 ψ_∞ から押さえられている．

$$\psi(r) = \psi_\infty \tanh \frac{r}{\xi}. \tag{5.107}$$

から導かれるカットオフ項をもよく再現していることが知られている．

一方，変分法による BdG 方程式の解として知られている秩序変数（図 5.16 参照）

$$\psi(r) = \psi_\infty \frac{r}{\sqrt{r^2+\xi_{\rm v}^2}}, \tag{5.108}$$

からは，ローレンツ分布型の磁束項

$$\rho(\mathbf{r}) = \frac{\Phi_0}{\pi} \frac{\xi_v^2}{(r^2+\xi_{\rm v}^2)^2}, \tag{5.109}$$

および

$$F(K, \xi_{\rm v}) = uK_1(u),\ \ u = \sqrt{K^2\xi_{\rm v}^2 + \xi_{\rm v}^2/\lambda^2}, \tag{5.110}$$

というカットオフ項が得られる．ここで $K_1(x)$ は第 2 種変形ベッセル関数，$\xi_{\rm v} \simeq \sqrt{2}\xi_0$ は変分パラメーターで，やはり $B/H_{\rm c2} \ll 1$ という条件でよい近似となっている [43]．このモデルは，後により高磁場での磁束どうしの重畳に伴う秩序変数の減衰や非等方的な場合にまで拡張され [44]，ロンドン方程式の解として

$$b(\mathbf{K}) = B_0 \frac{vK_1(u)}{uK_1(v)},\ \ u = \sqrt{K^2\xi_{\rm v}^2 + v^2},\ v = \frac{\xi_{\rm v}}{\lambda} f_\infty, \tag{5.111}$$

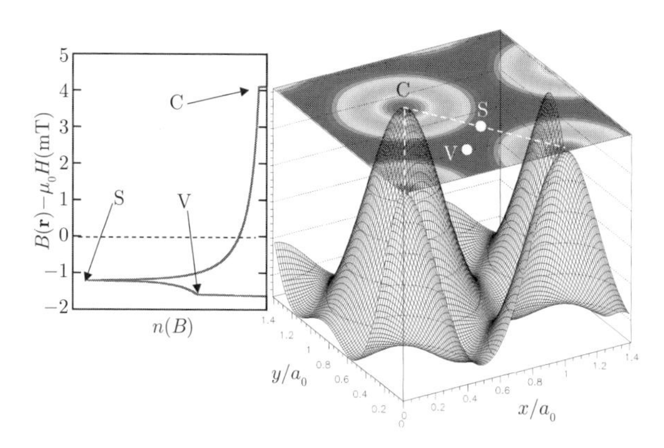

図 5.17 第 2 種超伝導体の磁束格子状態における磁場分布 $B(\mathbf{r})$ の計算例 ($\lambda = 125$ nm, $\xi_{\rm v} = 30$ nm, $H = 0.15$ T で，磁束間の距離 a_0 は 12.6 nm)．左側に $B(\mathbf{r})$ に対応する磁場密度分布関数 $n(B)$ を示す．ここで，C は磁束中心，S は $B(\mathbf{r})$ の鞍点，V は $B(\mathbf{r})$ の極小点で，それぞれ $n(B)$ の異なる磁場領域に対応することがわかる．ミュオンは $B(\mathbf{r})$ をランダムにサンプリングし，その回転周波数分布が $n(B)$ を与える（口絵 2 参照）．

という磁場分布のフーリエ係数が得られている．ここで $\xi_{\rm v}$ および f_∞ は変分パラメーターで，後者は磁場によって変化する秩序変数 を表している ($\psi_\infty \to f_\infty\psi_\infty$; 低磁場で $f_\infty \to 1$) さらに，ゼロでない最小の磁束格子の逆格子ベクトルを $\mathbf{K}_{\rm min}$ として，$\lambda^2 K_{\rm min}^2 \gg 1$ という条件が満たされる場合には，式 (5.111) は $K_1(x) \simeq 1/x$ という近似を用いてさらに簡略化され，

$$b(\mathbf{K}) \simeq B_0 f_\infty^2 \frac{uK_1(u)}{\lambda^2 K^2}, \tag{5.112}$$

と表される [45]．ここで，

$$f_\infty^2 = 1 - b^4,\ b \equiv B/H_{\rm c2} \tag{5.113}$$

$$u^2 = K^2\xi_{\rm v}^2 \simeq 2K^2\xi^2(1+b^4)[1-2b(1-b)^2]. \tag{5.114}$$

であり，$H_{\rm c2} \simeq \Phi_0/(2\pi\xi_{\rm v}^2)$ は上部臨界磁場である．式 (5.112)-(5.114) を用い，磁束が三角格子を組む場合の $B(\mathbf{r})$，および $B(\mathbf{r})$ から導出される密度分布関数

$$n(B) = \langle \delta(B - B(\mathbf{r}))\rangle_{\mathbf{r}} \tag{5.115}$$

を計算した例を図 5.17 に示す．これを眺めると，磁場の方は磁束を周回する軌

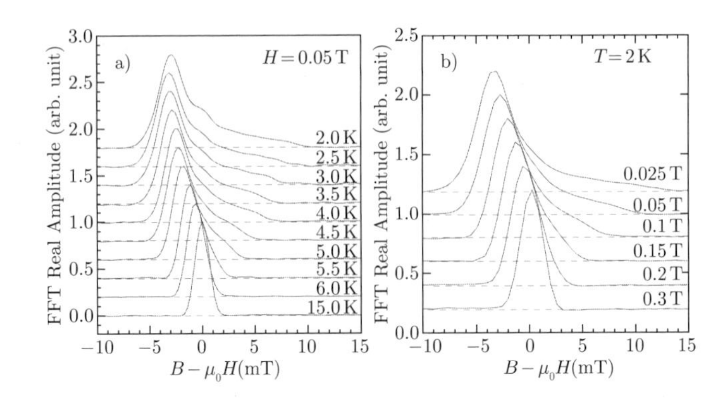

図 5.18　YB_6 単結晶試料を用いて測定された，磁束格子状態での μSR 時間スペクトルの高速フーリエ変換（実数部分）．a) 外部磁場一定 ($H = 0.05$ T) で温度を変化させた場合．横軸は角周波数 ω_μ から $B = \omega_\mu/\gamma_\mu$ の関係を用いて磁場に変換し，さらに外部磁場との差を取ってある．このとき縦軸は磁場密度分布 $n(B)$ に対応する．低磁場側のピークは磁束中心から遠い領域，高磁場側は磁束中心付近からの信号を反映している．温度が下がるとともに磁場侵入長が短くなり，全体の分布幅が大きくなる様子が見られる．b) 温度一定 (2 K) で H を変化させた場合（文献 [47] より）．

道電流によって半径 λ_{GL} 程度の範囲で減衰し，それに伴って実空間での磁場分布 $B(\mathbf{r})$ も磁束格子の間隔で周期的に変化する様子がわかる．

ここで重要な特徴は，$n(B)$ が B に沿って非対称な分布を持つことである．これは磁束どうしの間隔が広い低磁場の場合に顕著で，その分布幅 (ΔB；C 点と V 点の間の磁場の差) は主に磁場侵入長で決まっている．また，dn/dB が不連続に変化する 3 つの点（ヴァン・ホーヴ Van Hove 特異点と呼ばれる）が明瞭に区別でき，それぞれが $B(\mathbf{r})$ における磁束中心 (C)，鞍点 (S)，極小点 (V) に対応していることが見て取れる．つまり，$n(B)$ そのものはスカラー量であるにもかかわらず，B に沿ってある程度の空間分解能を持っていると言える．したがって，$n(B)$ を正確に知ることができれば，磁束の単位格子中の異なる場所に関する情報を引き出すことができるというわけである．μSR で $n(B)$ を詳しく測定する意味もここにある．図 5.18 に，μSR 時間スペクトルを高速フーリエ変換 (FFT) することにより，その実部として得られた超伝導体の混合状態での内部磁場分布（$\propto$ 回転周波数分布）の例を示す．

なお，磁場が増大するにつれて磁束周りの磁場分布の重なりが大きくなり，ΔB は

$$\Delta B \propto \frac{1}{\lambda_{\rm GL}^2}(1-b) \tag{5.116}$$

と，およそ $1-b$ に比例して減少するので，$H_{\rm c2}$（上部臨界磁場）に近づくほど相対的な「空間分解能」は下がる．また，ΔB は $\lambda_{\rm GL}$ の 2 乗にも逆比例して減少し，高磁場，あるいは磁場侵入長が長い場合には $n(B)$ はガウス分布

$$n(B) \simeq \frac{1}{\sqrt{2\pi}\sigma_{\rm B}} \exp\left[-\frac{(B-B_0)^2}{2\sigma_{\rm B}^2}\right] \tag{5.117}$$

で近似されるようになる（これは図 5.18 a) の高温側，同 b) の高磁場側での振る舞いにも見て取れる)．このとき，μSR で観測される時間スペクトルも

$$G_x(t) = \exp\left[-\frac{1}{2}(\gamma_\mu\sigma_{\rm B})^2 t^2\right] \equiv \exp(-\sigma_{\rm s}^2 t^2) \tag{5.118}$$

という単純なガウス緩和となる．ここで分布幅 $\sigma_{\rm B}$ は，$\kappa \gg 1$ の場合，近似的に

$$\sigma_{\rm B} \simeq 0.0274 \times \frac{\Phi_0}{\lambda_{\rm GL}^2}(1-b)\left[1+3.9(1-b)^2\right]^{\frac{1}{2}}, \tag{5.119}$$

と与えられることが知られている [46]．これと式 (5.91)，および $|\psi|^2 \simeq n_{\rm s}$ であることを考慮すると，

$$\sigma_{\rm s} \propto \frac{1}{\lambda_{\rm GL}^2} \simeq \frac{8\pi n_{\rm s} e^2}{m_{\rm e}c^2} \propto n_{\rm s}, \tag{5.120}$$

という関係が導かれ，$n(B)$ によるガウス型緩和の緩和率は超流体密度 $n_{\rm s}$ に比例することがわかる．実際のところ，これまでの μSR による超伝導体の研究では，多く場合この簡便な近似を用いた解析が行われており，これを用いて $n_{\rm s}$ の温度/磁場依存性，キャリアドーピング依存性などが議論されている．

しかしながら，$\lambda_{\rm GL}$ がある程度短くなれば，ミュオンがプローブする磁場密度分布 $n(B)$（=周波数分布）は，図 5.18 の例に見られるように B_0 に対して大きく非対称な分布となり，高磁場端のヴァン・ホーヴ特異点が実空間での $B(\mathbf{r})$ のピーク（磁束中心）に，B_0 より低磁場側に現れるそれ [$n(B)$ のピーク] が $B(\mathbf{r})$ の鞍点に対応する．このような $n(B)$ の位置選択性を利用して，μSR で得られる $n(B)$ と磁束格子の形の情報を組み合わせることで $B(\mathbf{r})$ を再構成することができれば，磁場侵入長 $\lambda_{\rm GL}$ に加えてコヒーレンス長 $\xi_{\rm GL}$ をも微視的に決定することができる．前にも触れたように，$\xi_{\rm GL}$ が支配する磁束中心付近には準粒子励起が集まっており，超伝導の「壊れ方」を通して超伝導の性質を知る手がか

りを与えてくれる．

なお，$n(B)$ から $B(\mathbf{r})$ を再構成する解析方法については，入門書としての本書の範囲を超えるのでここでは割愛する．興味がある読者は文献 [47] を参照するとともに，そのなかで引用されている総説論文などに当たってみるとよいだろう．

μSR が有効な超伝導体の条件

まずは基本となる量の感覚を掴むために，磁束格子状態にある超伝導体にミュオンが注入された瞬間の環境を眺めてみよう．これには磁場侵入長，コヒーレンス長，および磁束格子の格子間隔 a_0 という 3 つの長さの間の関係，およびそれらと結晶の格子定数との関係が問題になる．三角格子では磁束 1 本あたりの単位格子面積が $\sqrt{3}a_0^2/2$ なので

$$a_0 = \left[\frac{2\Phi_0}{\sqrt{3}B_0}\right]^{1/2} \tag{5.121}$$

となる．μSR で利用可能な磁場の上限は 10 T 程度であるので，この場合の a_0 の最小値は 16 nm 程度となる．また，磁場が下がるにつれて a_0 は $1/\sqrt{B_0}$ に比例して増大するが，典型的な第 2 種超伝導体の下部臨界磁場 (∼10 mT) で $a_0 \simeq 500$ nm 程度である．

一方，対象となる物質が持つ結晶構造の単位格子サイズは，どの結晶軸方向についても通常 1 nm かそれ以下であり，a_0 よりは一桁以上短い．また，磁束格子の格子点と結晶格子のそれとは，よほど特殊な状況を考えない限り相関がない（非整合）．つまり，結晶格子の単位格子中では特定の位置を占めるミュオンも，磁束格子の上ではランダムな位置を占めていると見なすことができる．したがって，ミュオンは超伝導体中で $B(\mathbf{r})$ をランダムにサンプリングし，その回転周波数 $\gamma_\mu B$ の分布はそのまま密度分布関数 $n(B)$ を反映すると考えてよい．

次に，どのような条件で μSR が $n(B)$ を観測できるかを調べておこう．ミュオンが有限の平均寿命 ($\tau_\mu = 2.198$ μs) を持つことにより，検出可能なスピン緩和率の最小値は $1/(2\pi\tau_\mu) \simeq 0.072$ MHz 程度である．一方，式 (5.119) からは磁束格子による緩和率が

$$\sigma_\mathrm{s}\ [\mathrm{MHz}] = \frac{\gamma_\mu \sigma_\mathrm{B}}{\sqrt{2}} = \frac{3.45\times 10^4}{(\lambda[\mathrm{nm}])^2}(1-b)\left[1+3.9(1-b)^2\right]^{\frac{1}{2}} \tag{5.122}$$

と見積もられる（以下では簡単のため λ_GL を単に λ と表記する）．そこで式 (5.122)

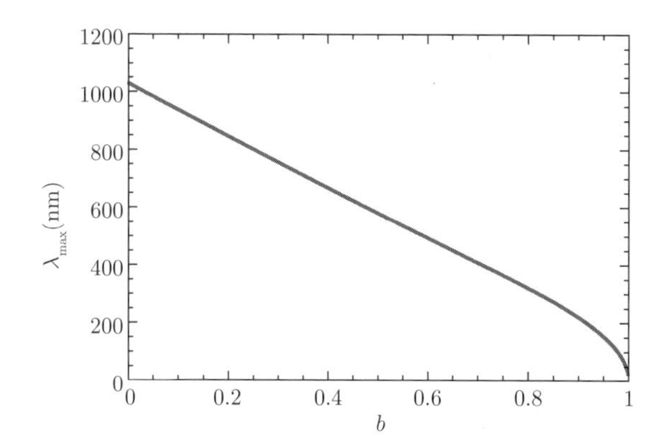

図 5.19 μSR で観測可能な磁場侵入長の最大値 ($\lambda_{\max}$) と外部磁場の大きさ ($b = B/H_{c2}$) の関係．広い磁場範囲で測定可能であるためには，磁場侵入長が 200 nm 以下であるような超伝導体が望ましいことがわかる．

を用い，$\kappa \gg 1$ の場合にどのような超伝導体が μSR の研究対象になり得るかを調べてみると，まず $\sigma_{\rm s} \geq 0.072$ [MHz] という条件から，観測可能な λ の最大値は図 5.19 のようになる．例えば低磁場 ($b \to 0$) では

$$\lambda \leq 1.03 \times 10^3 [\mathrm{nm}]$$

となり，磁場侵入長は最長でもおよそ 1 μm 以下でなければ，それによる $n(B)$ の変化を観測することは難しいことがわかる．さらに，磁場が増大すると $1-b$ による減少が効いてくるので，例えば $b = 0.9$（上部臨界磁場の 90%）では感度の限界が ~220 [nm] と一桁下がる．ちなみに，銅酸化物をはじめ，大半の第 2 種超伝導体の λ はちょうど 10^2–10^3 nm の範囲にあるので，あまり上部臨界磁場に近い磁場でない限りは μSR での $n(B)$ の観測が可能な範囲にあるが，広い磁場範囲の測定を行いたい場合には $\lambda \leq\sim 200$ nm が 1 つの目安となる．いずれにせよ，これらの長さは先ほどの a_0 の値と同じ程度であり，$b \simeq 1$ の近傍を除けば，λ の長さを精度よく決めるために十分な長さにわたって磁場分布を測定可能であることがわかる．

5.5 ミュオニウム

ミュオンが 1 個の電子を束縛した状態をミュオニウム（Mu，特に荷電状態を

明示的に表記する場合には Mu^0）と呼ぶ．第4章でも述べたように，ミュオニウムは水素原子の陽子をミュオンで置き換えた状態であり，ホストの物質中で格子間水素原子として振る舞う．その電子状態が周りの原子との相互作用で決まるという意味では，「ミュオンが1個の電子を束縛した状態」というよりは，ミュオンの $1s$ 軌道（多少とも周りの電子軌道と混成している）上での有効クーロン反発エネルギーを U として，「$U > 0$ であるためにミュオンが不対電子を伴っている状態」と呼ぶ方がより適切である．いずれにせよ，物質中のミュオンの状態から水素同位体としての情報を引き出す上で，ミュオニウムの分光学的な知識は必須である．本節ではその基本的な部分についてまとめておくことにしよう．

孤立したミュオニウムのエネルギー準位

ミュオニウムにおけるミュオンと電子の相互作用を記述するハミルトニアンは基本的には式 (5.56) と同じで，5.3節ではミュオンから見て遠方にある電子がもっぱら双極子磁場を通じてミュオンのスピン偏極に作用することを学んだ．一方，ミュオンに束縛された電子は，ミュオンに対して大きなフェルミ接触相互作用を持ち，一般に双極子磁場よりもはるかに大きい．したがって，ここでは5.3節とは逆に式 (5.56) の第3項（$\hat{A}$ を含む項）を無視し，等方的なフェルミ接触相互作用による超微細相互作用定数を

$$2\pi A_\mu = -\frac{8\pi}{3}\gamma_\mu\gamma_\mathrm{e}\mathbf{S}_\mathrm{e}|\Psi(0)|^2$$

として

$$\mathcal{H}/\hbar = -(\gamma_\mathrm{e}\mathbf{S}_\mathrm{e} + \gamma_\mu\mathbf{S}_\mu)\mathbf{B}_0 + 2\pi A_\mu\mathbf{S}_\mu\cdot\mathbf{S}_\mathrm{e} \qquad (5.123)$$

というハミルトニアンを考える．さらに，見通しをよくするため，パウリのスピン演算子を用いて式 (5.123) を

$$\mathcal{H}/\hbar = -\frac{1}{2}\omega_\mu\sigma_z + \frac{1}{2}\omega_\mathrm{e}\tau_z + \frac{1}{4}\omega_\mathrm{c}\hat{\sigma}\cdot\hat{\tau} \qquad (5.124)$$

と書き直しておく．ここで $\hat{\sigma}$ および $\hat{\tau}$ はそれぞれミュオンと電子のスピン演算子で，$\omega_\mu = \gamma_\mu B_0$，$\omega_\mathrm{e} = -\gamma_\mathrm{e} B_0$（$\gamma_\mathrm{e}$ の値については表2.3を参照），$\omega_\mathrm{c} = 2\pi A_\mu$ である．このハミルトニアンの固有値問題は，σ_z と τ_z の固有状態から作られるスピン状態関数 $|\chi_\alpha\rangle = |s^\mu_\alpha\rangle|s^\mathrm{e}_\alpha\rangle$ を基底としてこれを対角化することで，（計算自体はかなり面倒だが）比較的容易に解くことができる．ここで，角周波数

表 5.1 等方的なミュオニウムの固有状態と固有値．$x = 2\omega_+/\omega_c$ はミュオニウムの超微細相互作用定数で規格化した外部磁場 [式 (5.127)]．磁場に対する変化の様子は図 5.20 を参照．

固有状態	$\|\chi_1\rangle$	$\|\chi_2\rangle$	$\|\chi_3\rangle$	$\|\chi_4\rangle$
波動関数	$\|++\rangle$	$\sin\zeta\|+-\rangle$ $+\cos\zeta\|-+\rangle$	$\|--\rangle$	$\cos\zeta\|+-\rangle$ $+\sin\zeta\|-+\rangle$
	$\omega_1 = E_1/\hbar$	$\omega_2 = E_2/\hbar$	$\omega_3 = E_3/\hbar$	$\omega_4 = E_4/\hbar$
固有値 $(/\hbar)$	$\frac{\omega_c}{4} + \omega_-$	$-\frac{\omega_c}{4} + \frac{\omega_+}{\cos 2\zeta}$	$\frac{\omega_c}{4} - \omega_-$	$-\frac{\omega_c}{4} - \frac{\omega_+}{\cos 2\zeta}$
$x = \frac{2\omega_+}{\omega_c}$,	$\sin 2\zeta = \frac{1}{\sqrt{1+x^2}}$,	$\cos 2\zeta = \frac{x}{\sqrt{1+x^2}}$,		

$$\omega_\pm \equiv \frac{\omega_e \pm \omega_\mu}{2} \tag{5.125}$$

および,

$$B_c = \frac{\hbar\omega_c}{\gamma_\mu - \gamma_e} \tag{5.126}$$

を用いて規格化された磁場

$$x \equiv 2\omega_+/\omega_c = B_0/B_c \tag{5.127}$$

を定義しておくと便利である．$\omega_\pm$ は外部磁場下でのミュオニウムの角回転角周波数，B_c は電子がミュオンに及ぼす超微細相互作用を実効磁場に換算した値に対応する．これらを用いて表される固有値と固有状態の波動関数を表 5.1 にまとめておく．

まず，外部磁場ゼロの場合において，ミュオニウムのエネルギー準位は超微細相互作用により一重項（全スピン $F = s^\mu + s^e = 0$）と三重項 $(F = 1)$ に分裂する．磁場下ではゼーマン相互作用が加わって三重項状態はさらに分裂し，エネルギー準位は磁場に対して図 5.20 のように振る舞う．ここで，磁場の増大に伴って $|\chi_1\rangle$ と $|\chi_2\rangle$ のエネルギーに逆転が起きるが，これは電荷の違いによりミュオン磁気モーメントの符号が電子のそれと反対であるためで，高磁場ではミュオンのスピンと電子スピンとは互いに反平行である方がゼーマンエネルギーが低くなる．この「準位交差」は，$E_1 = E_2$ を満たす磁場

$$B_{LCR} = \frac{\gamma_e - \gamma_\mu}{2\gamma_e\gamma_\mu}\hbar\omega_c \simeq \frac{\hbar\omega_c}{2\gamma_\mu} \simeq \frac{B_c}{2} \tag{5.128}$$

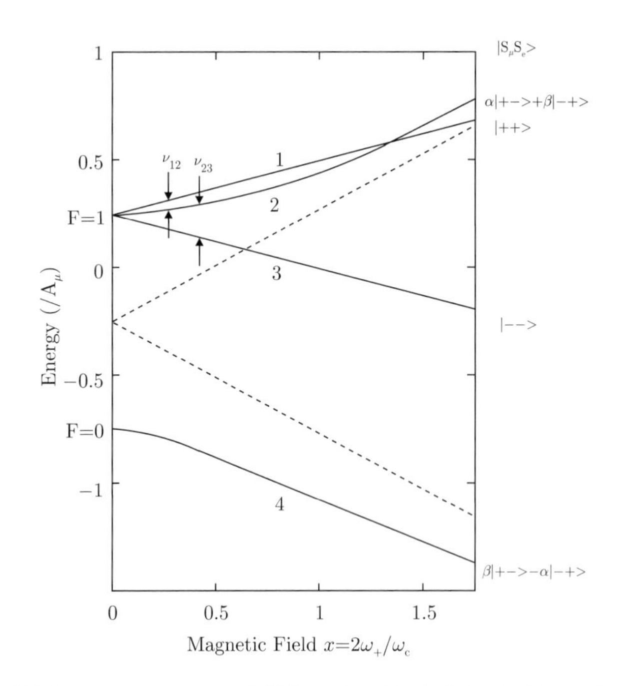

図 5.20　磁場中でのミュオニウムの各状態のエネルギーを表すブライト-ラビ・ダイアグラム（超微細相互作用 A_μ が等方的な場合．ここで ν_{ij} は $\omega_{ij}/2\pi = (\omega_i - \omega_j)/2\pi$）．

で起きるが，その意味するところは，外部磁場が超微細相互作用による実効磁場 B_c のおよそ半分の値になったところでミュオンのスピンが反転するということであり，特に核超微細相互作用との組み合わせにより分光学的に重要な情報源となる（後述）．

ミュオニウム中のミュオンスピン偏極の時間発展

ミュオニウムの固有値と固有状態を知ることができれば，それを用いてミュオンスピンの運動を計算することは容易である．しかも，この系は核スピンとの相互作用を扱った5.2節,「微視的モデル」の2スピン系の場合に相当し，そこでの核スピンとの磁気双極子相互作用を電子とのフェルミ接触相互作用に置き換えただけで，後は密度行列の手法を用いてただちに計算できる．ここでは細かい計算の過程を繰り返すことは省略し，いくつかの典型的な条件下でのミュオンスピン $\mathbf{P}(t)$ の時間発展（時間スペクトル）をまとめておこう．

まず，ミュオンの初期スピン偏極の向きを z 軸とし，これに平行に磁場を印

加した場合（縦磁場条件）を考える．実際のミュオニウム形成に際しては，電子のスピンの向きがランダムであるため s_z^{e} については平均を考える必要がある．これは，$t=0$ でのスピン波動関数 $|\chi(0)\rangle$ が $\frac{1}{\sqrt{2}}(|++\rangle+|+-\rangle)$ となることを意味する．これを用いて時間発展を計算すると，$\mathbf{P}(t)$ の z 方向成分は

$$P_z(t)=\frac{1}{2(1+x^2)}\left[(1+2x^2)+\cos\omega_{24}t\right] \tag{5.129}$$

となる．ここで

$$\omega_{24}=\omega_2-\omega_4=\frac{2\omega_+}{\cos 2\zeta}=\omega_{\mathrm{c}}\sqrt{1+x^2} \tag{5.130}$$

である．式 (5.129) で $x=0$ とすると

$$P_z(t)=\frac{1}{2}(1+\cos\omega_{\mathrm{c}}t) \tag{5.131}$$

となるが，その意味するところは，$|\chi(0)\rangle$ の第 2 項 $|+-\rangle$ が F の固有状態ではないため，対応する成分はゼロ磁場中でもスピン状態が $F=0$ と $F=1$ の間を超微細相互作用定数 $\omega_{\mathrm{c}}/2\pi=A_\mu$ (真空中で $A_\mu=4463$ MHz) で振動していることを表している．

物質中では誘電率の効果などで A_μ は真空中のそれよりはかなり小さくなるが，通常の時間分解能の測定では見ることができない場合も多い（すなわち時間平均を取ると第 2 項はゼロとなる）．したがって，試料中でミュオニウムが形成される場合，注入したミュオンの半分はゼロ磁場中でただちにその偏極を実効的に失い（missing fraction とも呼ばれる），式 (5.129) の第 1 項である三重項状態のみが観測の対象となる．これは有限の磁場下でも同じで，$t=0$ での残留偏極は

$$\overline{P}_z(0)=\frac{1+2x^2}{2(1+x^2)} \tag{5.132}$$

となる．x が A_μ で規格化されていることからもわかるように，$\overline{P}_z(0)$ の磁場依存性は A_μ によって変化する．したがって，実験的に得られる $\overline{P}_z(0)$ の磁場依存性と式 (5.132) を比較することで，A_μ の大きさを知ることができる（このような測定は高い時間分解能を要しないので，パルスビームを用いたミュオニウムの研究で多用される）．

次に，ミュオンの初期偏極を x 軸に取り，これに対して垂直な方向に磁場を印加すると（横磁場条件），$t=0$ でのスピン波動関数は $|\chi_2\rangle$ と $|\chi_4\rangle$ の重ね合わせ ($F=0$) となり，$F=1$ の状態との間で遷移を起こすことになる．この場

合，$\mathbf{P}(t)$ の x 軸への射影は，

$$P_x(t) = \frac{1}{4}\left[1+\frac{x}{\sqrt{1+x^2}}\right](\cos\omega_{12}t+\cos\omega_{34}t) + \frac{1}{4}\left[1-\frac{x}{\sqrt{1+x^2}}\right](\cos\omega_{14}t+\cos\omega_{23}t) \tag{5.133}$$

となり，それぞれの遷移に伴う角周波数は

$$\omega_{12} = \omega_1-\omega_2 = \frac{\omega_\mathrm{c}}{2}(1-\sqrt{1+x^2})+\omega_- \tag{5.134}$$

$$\omega_{34} = \omega_3-\omega_4 = \frac{\omega_\mathrm{c}}{2}(1+\sqrt{1+x^2})-\omega_- \tag{5.135}$$

$$\omega_{23} = \omega_2-\omega_3 = \frac{\omega_\mathrm{c}}{2}(-1+\sqrt{1+x^2})+\omega_- \tag{5.136}$$

$$\omega_{14} = \omega_1-\omega_4 = \frac{\omega_\mathrm{c}}{2}(1+\sqrt{1+x^2})+\omega_- \tag{5.137}$$

である．

ここで実験的に重要な3つの場合について考察しておこう．

- 低磁場極限 ($x \ll 1$)

この場合には，$\omega_{34} \simeq \omega_{14} \simeq \omega_\mathrm{c}$ となり，この項に相当する信号はやはり通常の実験条件では観測にかからない．さらに $\omega_{12} \simeq \omega_{23} \simeq \omega_-$ となるので，式 (5.133) は

$$\overline{P}_x(t) \simeq \frac{1}{2}\cos\omega_- t \tag{5.138}$$

となって，これら2つの遷移（図5.20中での ν_{12} と ν_{23}）は単一の周波数 ω_- での回転信号として観測されるようになる．

この状況は，古典論的にはミュオンと電子のスピンが（A_μ という糊で）一体となって回転する場合に相当する．ω_- の定義式 (5.125) からもわかるように，その磁気回転比は電子とミュオンのそれの算術平均となるが，電子の方が約206倍と圧倒的に大きいので，ミュオニウムの磁気回転比は電子の約半分 ($2\pi\times13.94$ MHz/mT) を持つことになる．これは μ^+ に比べて約103倍であり，低い横磁場中でのスピン回転を測定することにより，ミュオニウムが形成されたかどうかを容易に判別することができる．実際にそのような回転信号が観測された例を図5.21に示す．

一方，ω_- が ω_c とは無関係な量であることからもわかるように，実験で仮にこのような回転信号が観測されたとしても，それからミュオニウムの超微細相互作用の大きさを知ることはできない．ω_c を知るためには次節に示すように，

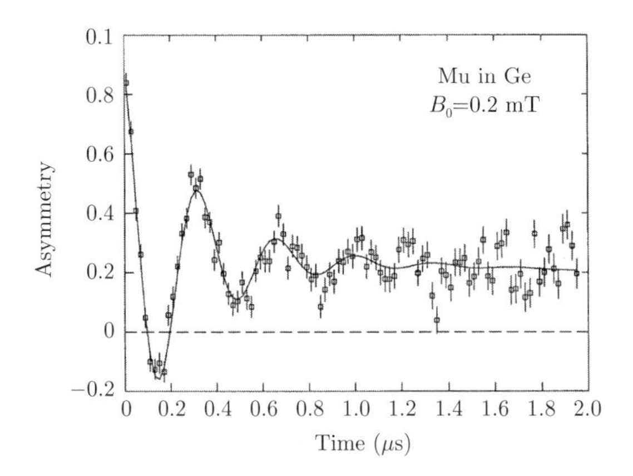

図 5.21 ゲルマニウム結晶中のミュオニウムに伴う μSR 時間スペクトル．約 0.2 mT という弱い横磁場中で，$\omega_-/2\pi \simeq 3$ MHz の振動が観測されている（文献 [48] より）．

外部磁場を増大させて周波数の分裂を観察する必要がある．

• 中間的な磁場 $(x \leq 1)$

ここでは，ω_{34} や ω_{14} は相変わらず観測にかからないものの，磁場の増大に伴い $\omega_{12} \neq \omega_{23}$ となって，回転信号が分裂し始めた状況を見ておこう．この場合，$\sqrt{1+x^2} \simeq 1 + \frac{1}{2}x^2$ と近似すると

$$\omega_{12} = \omega_- - \frac{\omega_c}{4}x^2 = \omega_- - \frac{\omega_+^2}{\omega_c} \tag{5.139}$$

$$\omega_{23} = \omega_- + \frac{\omega_c}{4}x^2 = \omega_- + \frac{\omega_+^2}{\omega_c} \tag{5.140}$$

となり，低磁場極限の回転周波数 ω_- を中心として回転信号が 2 つに分裂する．このとき，スピン偏極の時間発展は，

$$\overline{P}_x(t) \simeq \frac{1}{4}(1+x)\cos\left(\omega_- - \frac{\omega_+^2}{\omega_c}\right) + \frac{1}{4}(1-x)\cos\left(\omega_- + \frac{\omega_+^2}{\omega_c}\right) \tag{5.141}$$

となることがわかる．このような信号が観測された例を図 5.22 に示す．式 (5.139)，(5.140) から明らかなように，分裂の間隔は $2\omega_+^2/\omega_c$ と，ミュオニウムの超微細相互作用定数 $A_\mu = \omega_c/2\pi$ に逆比例し，

$$\omega_c = \frac{2\omega_+^2}{\omega_{23} - \omega_{12}} \tag{5.142}$$

という関係を用いることで，実験的に観測された ω_{12}，ω_{23} から ω_c を決めるこ

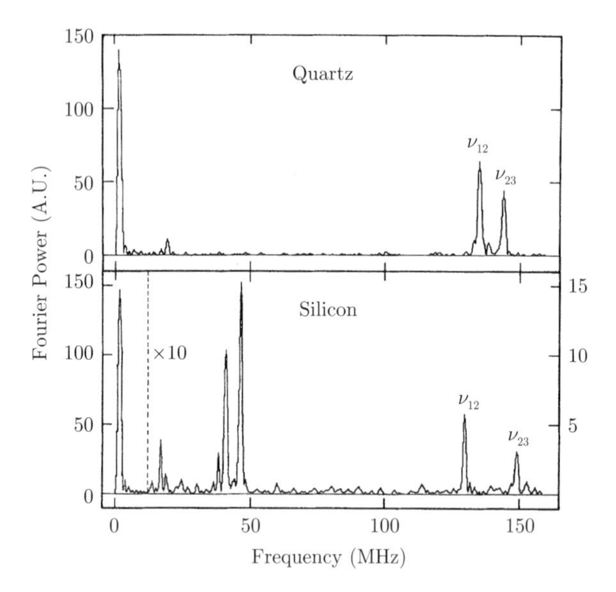

図 5.22 水晶（SiO_2 およびシリコン結晶中の横磁場 μSR のフーリエスペクトル．磁場はいずれも 10 mT，温度は 77 K．139 MHz を中心にして見える 2 つのピークが ω_{12}，ω_{23} に対応した信号（文献 [49] より）．

とができる．一般に，この方法は縦磁場条件で式 (5.132) の関係を用いて ω_c を決めるやり方よりもずっと精度が高いので，ミュオニウム (ω_-) による回転信号が観測される場合にはこちらを用いる方が有利である．

• 高磁場極限 $(x \gg 1)$

この場合，式 (5.133) 中の後半，ω_{14} と ω_{23} の信号の振幅はゼロに近づくので，同式は

$$P_x(t) \simeq \frac{1}{2}(\cos\omega_{12}t + \cos\omega_{34}t) \tag{5.143}$$

と近似され，ω_{12} と ω_{34} の 2 つの回転信号のみが観測されるようになる．また，角周波数も $\sqrt{1+x^2} \simeq x$ と近似すれば

$$\omega_{12} \simeq \frac{\omega_c}{2}(1-x) + \omega_- = \frac{\omega_c}{2} - \omega_\mu \tag{5.144}$$

$$\omega_{34} \simeq \frac{\omega_c}{2}(1+x) - \omega_- = \frac{\omega_c}{2} + \omega_\mu \tag{5.145}$$

となる．ここでさらに 2 つの典型的な状況を見ておこう．1 つは A_μ が真空中のミュオニウムと同程度に大きい場合で，通常の実験条件では $\omega_c/2 \gg \omega_\mu$ となって，観測される周波数スペクトルは $\omega_c/2$（磁場に依存しない）から μ^+ の

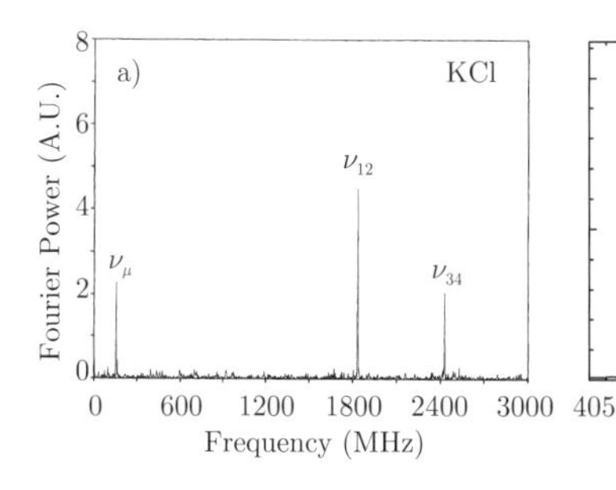

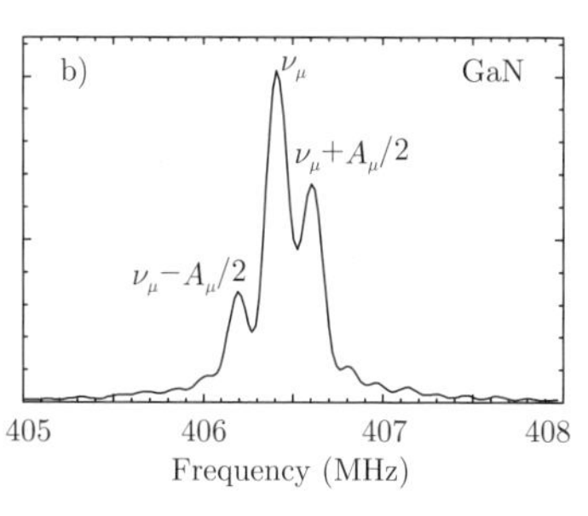

図 5.23 a) KCl, および b) GaN 結晶中の横磁場 μSR のフーリエスペクトル. 磁場はそれぞれ 1.2 T, および 3.0 T で, ν_μ が各磁場における μ^+ の回転信号に対応する. a) では ω_{12}, ω_{34} に対応した信号が ν_μ からはるかに高磁場側に見えるのに対して, b) では 2 つのピークが ν_μ の両側に現れている (文献 [50] および [51] より).

回転周波数 $\pm\omega_\mu$ だけ離れた位置に 2 つの回転信号が観測される (図 5.23 a) を参照).

一方, これとは逆に A_μ が小さい場合, (符号を無視すると) 周波数スペクトル上では μ^+ の回転周波数 (磁場に対して線形に変化) の両側に $\pm\omega_c/2$ だけ離れた 2 つのサテライト信号として観測されることになる. すでに 4.3 節でも紹介したように, 特にワイドギャップ半導体と呼ばれる物質中では, A_μ の大きさが真空中のそれの 10^{-4} 程度まで小さくなっているミュオニウムが数多く観測されており, 図 5.23 b) の窒化ガリウムもそのような例の 1 つである. このように A_μ が小さい場合には, 10 mT 程度の磁場で $x \gg 1$ の極限になっており, 上記のようなサテライトスペクトルが低磁場でも明瞭に観測できる.

ミュオニウムと核スピンの相互作用

固体結晶中のミュオニウムでは, $1s$ 軌道の電子が有限に広がった結果として, 隣接する原子の核スピンとのフェルミ接触相互作用が無視できない場合があり, これを核超微細相互作用 (nuclear hyperfine interaction) と呼ぶ. 系を記述するハミルトニアンは, 式 (5.123) に核超微細相互作用と核スピンのゼーマン相互作用を加えて

$$\begin{aligned}\mathcal{H}/\hbar = & -(\gamma_e \mathbf{S}_e + \gamma_\mu \mathbf{S}_\mu)\mathbf{B}_0 + \gamma_\mu\gamma_e A_\mu \mathbf{S}_\mu \cdot \mathbf{S}_e \\ & + \gamma_I \gamma_e \sum_{i=1}^{N} A_I \mathbf{I}_i \cdot \mathbf{S}_e - \gamma_I \sum_{i=1}^{N} \mathbf{I}_i \cdot \mathbf{B}_0 \end{aligned} \tag{5.146}$$

となる．その直接的な効果としては，ミュオンと超微細相互作用をしている電子が同時にランダムな向きを持つ核スピンとも相互作用することにより，特に低磁場では核スピンの影響が電子を通してミュオンの回転信号の線幅を増大させる（これによってミュオニウムの信号が完全に消失することも希ではない）．一方，高磁場側 ($B_0 \gg B_\mathrm{c}$) ではゼーマン相互作用が支配的になり，超微細相互作用は無視できるようになるので，核超微細相互作用による線幅増大も抑えられることになる．

いずれにせよ，式 (5.146) で表されるハミルトニアンの固有値と固有状態を，任意の磁場で任意の核スピンに対して求めるには数値計算に頼らざるを得ないが，核超微細相互作用を摂動として扱える場合についてはいくつかの計算結果が知られている [37]．ここで最も簡単な場合として，ミュオンから等距離にある再隣接サイトが N 個あり，その i 番目に核スピン $\mathbf{I}_i$ があるとしよう．さらに核スピンは1種類で，$\mathbf{I} = \sum_i \mathbf{I}_i$，角周波数を $\Omega_\mathrm{I} = \gamma_\mathrm{I} A_\mathrm{I}$，その固有状態を $|I, M\rangle$ とし，式 (5.146) 中の核超微細相互作用の部分を

$$\frac{\mathcal{H}_N}{\hbar} = \frac{\Omega_\mathrm{I}}{2}\mathbf{I}\cdot\hat{\tau} - \omega_\mathrm{I}\hat{M} \tag{5.147}$$

と書き直すと，全体のハミルトニアンは式 (5.124) に $\mathcal{H}_N/\hbar$ を加えたものになる．このハミルトニアンの固有状態は第ゼロ次近似で

$$|\psi_i^{(0)}\rangle = |\chi_i\rangle|I, M\rangle \tag{5.148}$$

となり，対応する第1次近似の固有値は，$E_i^{(1)}/\hbar = \omega_i + \langle\psi_i^{(0)}|\mathcal{H}_N|\psi_i^{(0)}\rangle/\hbar$ から

$$\begin{aligned}
E_1^{(1)}/\hbar &= \omega_1 - \omega_\mathrm{I}M + \frac{1}{2}\Omega_\mathrm{I}M,\\
E_2^{(1)}/\hbar &= \omega_2 - \omega_\mathrm{I}M + \frac{\cos 2\zeta}{2}\Omega_\mathrm{I}M,\\
E_3^{(1)}/\hbar &= \omega_3 - \omega_\mathrm{I}M - \frac{1}{2}\Omega_\mathrm{I}M,\\
E_4^{(1)}/\hbar &= \omega_4 - \omega_\mathrm{I}M - \frac{\cos 2\zeta}{2}\Omega_\mathrm{I}M,
\end{aligned} \tag{5.149}$$

となる．このとき，高磁場で支配的になる2つの遷移は

$$\begin{aligned}
\omega_{12}^{(1)} &= \omega_{12} + \frac{1}{2}\left[1 - \frac{x}{\sqrt{1+x^2}}\right]\Omega_\mathrm{I}M,\\
\omega_{34}^{(1)} &= \omega_{34} - \frac{1}{2}\left[1 - \frac{x}{\sqrt{1+x^2}}\right]\Omega_\mathrm{I}M,
\end{aligned} \tag{5.150}$$

で与えられる．ここで具体的に，例えば再隣接で等距離にあるスピン 1/2 の核が 4 個あるとしよう．I は 2 または 1 で，M は 2，1，0，-1，-2 という値を取り得るので，それぞれの M の縮退度は 1，4，6，4，1 となり，この重みに比例した振幅で回転信号が現れるはずだが，実際には位相緩和として観測されることになる．このときの線幅は

$$\begin{aligned}\Delta &\simeq \frac{1}{2}\Omega_{\mathrm{I}}\left[1-\frac{x}{\sqrt{1+x^2}}\right]\left[\frac{1}{3}\sum_{i=1}^{N} I_i(I_i+1)\right]^{1/2} \\ &= \Delta_0\left[1-\frac{x}{\sqrt{1+x^2}}\right] \end{aligned} \tag{5.151}$$

と近似されることが知られている [52]．ここで，$[\ ]^{1/2}$ の項は N 個の核スピンのうち z 成分の和が M であるような組を見出す確率で，今の例では $I_i = 1/2$, $N = 4$ なので，$\sqrt{\frac{1}{3}\cdot 4\cdot \frac{3}{4}} = 1$ となる．いずれにせよ，核超微細相互作用による線幅増大を抑えるためには，$x \gg 1$ に対応した磁場を印加すればよいことが式 (5.151) からわかるだろう．同じ核磁気モーメントによる横磁場下での位相緩和でも，μ^+ の場合には外部磁場で緩和を抑制することができないこととは好対照である．

ちなみに，前節の図 5.23 で例示したミュオニウムに伴うフーリエスペクトルがいずれも高磁場条件で測定された理由も，まさに核超微細相互作用による線幅増大を避けるためである．測定対象となった KCl や GaN を構成する元素の原子核はそれぞれ大きな核磁気モーメントを持っており，例えば KCl 中では $^{35}\mathrm{Cl}/^{37}\mathrm{Cl}(I = 3/2)$ との相互作用により $\Delta_0/2\pi \simeq 30$–40 MHz 程度と大きな値となる [50]．

準位交差共鳴

ミュオニウムのエネルギー固有値を冒頭で論じた際に，E_1 と E_2 のエネルギーが式 (5.128) で与えられる磁場 B_{LCR} で交差することはすでに触れた．ここでは，核超微細相互作用がある場合に，B_{LCR} 付近で何が起きるかを詳しく見ておこう [3]．

我々は式 (5.148) の第ゼロ近似固有状態を用いて摂動エネルギーを計算したが，今度はこれを用いて第 1 次近似の固有状態を求めると

$$|\psi_i^{(1)}\rangle = |\psi_i^{(0)}\rangle + \sum_j \frac{\langle\psi_j^{(0)}|\mathcal{H}_N|\psi_i^{(0)}\rangle}{E_i^{(0)} - E_j^{(0)}}|\psi_j^{(0)}\rangle \tag{5.152}$$

となる．ここで重要なポイントは，$E_i^{(0)} - E_j^{(0)} = 0$ でなおかつ $\langle \psi_j^{(0)} | \mathcal{H}_N | \psi_i^{(0)} \rangle \neq 0$ であれば，第2項の摂動項が発散する点である．つまり，準位交差の近傍では縮退した状態を解くために摂動計算をやり直す必要がある．そこで，話を具体的にするために，式(5.147)を $I = 1/2$ の核スピン1個の場合に簡略化して

$$\frac{\mathcal{H}_N}{\hbar} = \frac{\Omega_\mathrm{I}}{4} \hat{\upsilon} \cdot \hat{\tau} - \frac{1}{2} \omega_\mathrm{I} \upsilon_z \tag{5.153}$$

としよう．ここで $\hat{\upsilon}$ は核スピンのパウリ演算子である．前の議論から明らかなように，Ω_I が十分に小さければ，準位交差が起きるのは1，2の状態間に限られるので，第ゼロ近似の固有関数 $|s_z^\mu s_z^\mathrm{e} s_z^\mathrm{I}\rangle$ として

$$\begin{aligned}
|\psi_{1+}^{(0)}\rangle &= |+++\rangle \\
|\psi_{1-}^{(0)}\rangle &= |++-\rangle \\
|\psi_{2+}^{(0)}\rangle &= \sin\zeta|+-+\rangle + \cos\zeta|-++\rangle \\
|\psi_{2-}^{(0)}\rangle &= \sin\zeta|+--\rangle + \cos\zeta|-+-\rangle
\end{aligned} \tag{5.154}$$

を考えればよい．すると第1次近似の固有値は摂動展開の公式 $E_i^{(1)}/\hbar = \omega_i + \langle \psi_i^{(0)} | \mathcal{H}_N | \psi_i^{(0)} \rangle / \hbar$ から

$$\begin{aligned}
E_{1-}^{(1)}/\hbar &= \frac{\omega_\mathrm{c}}{4} + \omega_- - \frac{\Omega_\mathrm{I}}{4} + \frac{\omega_\mathrm{I}}{2} \\
E_{2+}^{(1)}/\hbar &= -\frac{\omega_\mathrm{c}}{4} + \omega_+ + \frac{\Omega_\mathrm{I}}{4} - \frac{\omega_\mathrm{I}}{2}
\end{aligned} \tag{5.155}$$

となる．ここで磁場 $(\propto \omega_\pm)$ を掃引すると，

$$\omega_x \equiv E_{2+}^{(1)} - E_{1-}^{(1)} = \omega_\mu - \omega_\mathrm{I} - \left[\frac{\omega_\mathrm{c} - \Omega_\mathrm{I}}{2} \right] = 0 \tag{5.156}$$

という条件を満たす磁場で1次の縮退（交差）が起きる．このとき，摂動によって縮退が取れた波動関数を，基になる2つの状態の線形結合

$$\begin{aligned}
|\psi_+\rangle &= \sin\alpha|\psi_{1+}\rangle + \cos\alpha|\psi_{2-}\rangle \\
|\psi_-\rangle &= \cos\alpha|\psi_{1+}\rangle - \sin\alpha|\psi_{2-}\rangle
\end{aligned} \tag{5.157}$$

であると仮定して，永年方程式

$$\langle \psi_\pm | \mathcal{H}_N - E_\pm | \psi_\pm \rangle = 0 \tag{5.158}$$

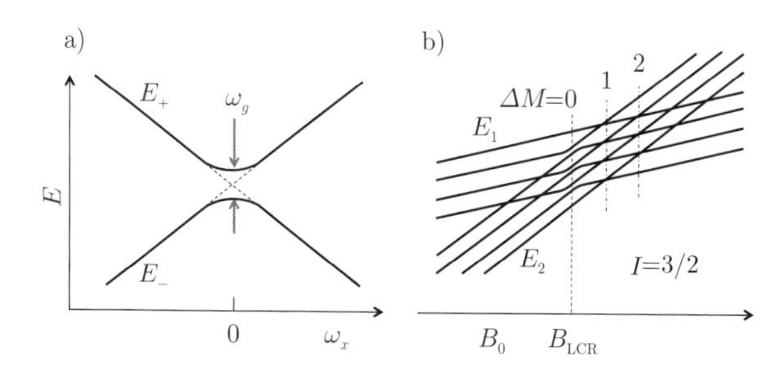

図 5.24 a) 準位交差共鳴磁場付近でのミュオニウムのエネルギー準位 E_1, E_2 の摂動項 $E_\pm$ が示す磁場依存性．ここで磁場 ω_x は本文式 (5.156) で表される．b) 核スピンが 3/2 の場合（1 個の核スピン $I = 3/2$, あるいは $\sum_i I_i = 3/2$）の E_1, E_2 の磁場依存性.

を解くと，摂動によって開いたエネルギーギャップ，および波動関数の係数は

$$\omega_g = \frac{\hbar}{2}\langle\psi_{1-}|\mathcal{H}_N|\psi_{2+}\rangle = \Omega_\mathrm{I}\sin\zeta \simeq \frac{\Omega_\mathrm{I}\omega_\mathrm{c}}{2\omega_\mathrm{e}} \tag{5.159}$$

$$\cot 2\alpha = \omega_x/\omega_g \tag{5.160}$$

と求まり，新たな固有値も

$$E_\pm/\hbar = \frac{1}{2}\left[\omega_\mathrm{e} \pm \sqrt{\omega_x^2 + \omega_g^2}\right] \tag{5.161}$$

と定まる．この様子を模式的に表したのが図 5.24 a) である．このように，準位が交差する付近では摂動を起こす相互作用の大きさに比例したギャップが開き，あたかも準位の交差を避け合うように振る舞うので avoided level crossing(ALC) という呼び方もされる.

さて，準位交差前後のエネルギー準位の様子はわかったが，このときミュオンスピンの偏極はどうなるだろうか．計算結果のみを示せば，縦磁場条件での時間発展は

$$P_z(t) = 1 - \frac{1}{4}\sin^2 2\alpha\left[1 - \cos(\omega_x^2 + \omega_g^2)^{1/2}t\right] \tag{5.162}$$

となり，$\omega_x = 0$ の共鳴点直上 $(\sin^2 2\alpha = 1)$ では 1/4 の偏極が角周波数 ω_g で回転する．時間について平均を取れば，回転する成分はスピン減偏極として観測される．これが準位交差共鳴緩和と呼ばれる現象である.

実際の場合には，ミュオニウムと隣接する核スピン I は 1/2 より大きい場合

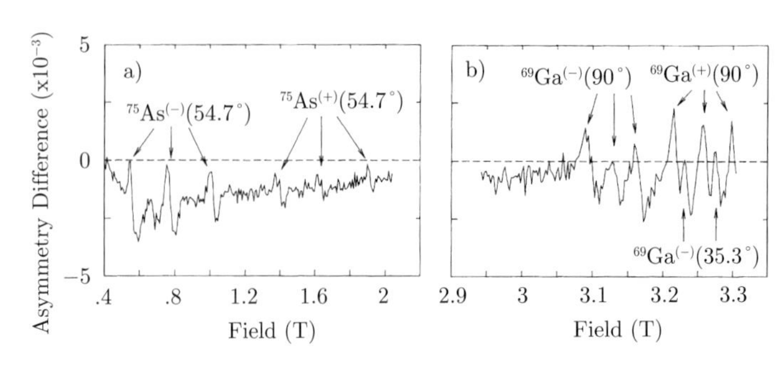

図 5.25 GaAs 結晶中で観測された結合中心ミュオニウムと核スピンとの準位交差共鳴緩和 [54]．a), b) は外部磁場 H の向きがそれぞれ [100] および [110] に平行な場合のスペクトルで，図中のラベルは原子核の種類，電子スピンの z 成分 (±)，および結合中心ミュオニウムの対称軸 [111] と H のなす角を表す．この測定では前方，後方検出器それぞれの時間スペクトルを積分し，その差分（図の縦軸）が共鳴緩和に比例することを利用している．

もしばしばであり，電子の広がりが大きければ核スピンの種類も増えて，核超微細相互作用による分裂の多重度も増大する．例えば式 (5.149) で与えられる $E_1^{(1)}$，$E_1^{(1)}$ は，

$$E_1^{(1)}/\hbar = \omega_1 - \sum_{k=1}^{N_k} \omega_{\mathrm{I}}^{(k)} M^{(k)} + \frac{1}{2}\Omega_{\mathrm{I}}^{(k)} M^{(k)},$$

$$E_2^{(1)}/\hbar = \omega_2 - \sum_{k=1}^{N_k} \omega_{\mathrm{I}}^{(k)} M^{(k)} + \frac{\cos 2\zeta}{2}\Omega_{\mathrm{I}}^{(k)} M^{(k)}, \qquad (5.163)$$

と書き改めることができるだろう．ここで N_k は核スピンの種類数，$I^{(k)}$，$M^{(k)}$ はそれぞれの核スピンの磁気量子数とその z 成分である．このように $E_i^{(1)}$ は N_k，$I^{(k)}$ に従って分裂し，準位交差共鳴も多重化するが，実は共鳴磁場自体は N_k のみに依存する．この様子を $I = 3/2$ の場合について模式的に示したのが図 5.24 b) である．E_1，E_2 はそれぞれ $2I + 1 = 4$ 個の異なる M に分裂し，$|1, M-1\rangle$ と $|2, M\rangle$ の準位間で交差共鳴が起きるが，$E_2^{(1)} - E_1^{(1)} = 0$ となる条件を表した式 (5.156) に M があらわに現れないことからわかるように，共鳴磁場 B_{LCR} 自体は M によらず同じ値となり区別がつかない．したがって，準位交差共鳴で複数の共鳴磁場が観測された場合には，それに対応して N_k 種類の核スピン群と相互作用していることを意味し，このような情報からミュオンサイトと軌道電子の格子点におけるスピン密度分布 ($\propto \Omega_{\mathrm{I}}$) を知ることができる．

なお，核超微細相互作用が大きい場合には $|3, M\rangle$ と $|4, M-1\rangle$ の準位間でも

交差共鳴が起きるので，それも含めて式 (5.156) を拡張すると

$$\omega_\mu - \omega_{\mathrm{I}} = \pm\frac{\omega_{\mathrm{c}} - \Omega_{\mathrm{I}}}{2} \tag{5.164}$$

となる．ここで負号は $|3, M\rangle$ と $|4, M-1\rangle$ 間の場合に対応する．さらに，これまでの議論はミュオニウムの超微細相互作用定数 A_μ が等方的な場合のみを取り扱ってきたが，例えばミュオニウムラジカルのような場合など，実際には A_μ が異方性を持つ場合も少なくない．この場合には，磁気量子数の z 成分が同じ状態間 ($\Delta M = 0$) だけでなく，$\Delta M = 1$，2 という状態間でも混合が起きることが知られており，それに応じて共鳴点も増える [53]．参考までに，III-V 族半導体 GaAs 中の結合中心ミュオニウムについて得られた準位交差共鳴緩和スペクトルの例を図 5.25 に示す．

第6章 μSR で見た鉄系超伝導体の磁性と超伝導

これまでに仕入れた μSR についての基礎知識を基に，以下では μSR による物性研究の最前線を覗いてみることにしよう．ここでは典型的な例として鉄系超伝導物質の磁性と超伝導に関する研究を紹介する．ただし，本章の目的はこのトピックスについての総説を書くことではなく，あくまで μSR を用いた研究の面白さを伝えることにある．したがって，その内容も主として著者が関わった研究の紹介に偏っていることをあらかじめお断りしておく．

6.1 鉄系超伝導物質の面白さ

2008 年に $\mathrm{LaFeAsO_{1-x}F_x}$ (LFAO-F) という物質が超伝導を示すことが報告されて以来 [55]，鉄とニクトゲン（P，As など）あるいはカルコゲン（Se，Te など）からなる一群の超伝導物質が発見されている．これらの物質は $\mathrm{Fe}X_4$ 四面体 (X = P, As, Se, Te) が辺共有した 2 次元面を持つという共通の構造を持っており (図 6.1)，超伝導転移温度 T_c が最高で 55 K ($\mathrm{SmFeAsO_{1-x}F_x}$ [56]) と高いことに加え，電気伝導を担っている $\mathrm{Fe}X$ 面が磁性原子の典型である鉄を含んでいるということで大きな注目を集めている．何しろ磁性は超伝導を阻害する方向にしか働かない，という専門家の常識を見事にくつがえすものだったからである．

1111 型の代表でもある LFAO-F の母物質 (LFAO，$x = 0$) は，およそ 140 K 以下の低温で反強磁性（スピン密度波）を示すが，酸素 ($\mathrm{O^{2-}}$) をフッ素 ($\mathrm{F^-}$) で置換すると FeAs 伝導面に電子がドープされて反強磁性が消失するとともに超伝導が出現するように見える．また，T_c はフッ素の置換量 x とともにドーム状に変化し，ある最適値で極大を示す．さらには圧力を加えることで T_c が上昇することも報告されており，いずれの特徴も銅酸化物との強い類似性を示して

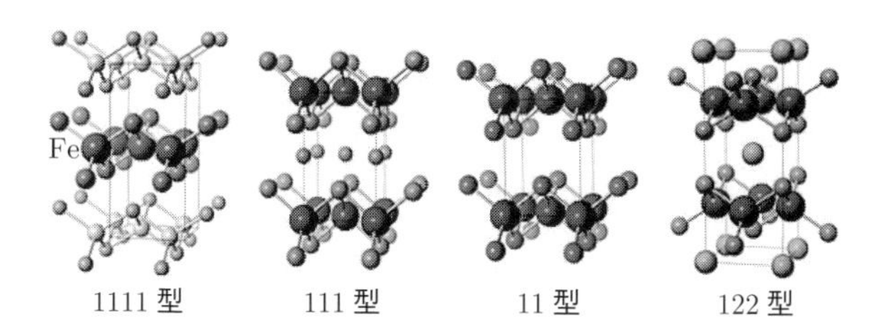

図 6.1 代表的な鉄系超伝導物質の構造模式図．左から 1111，111，11，122 型（数字は構成元素の組成比）と呼ばれる．いずれの図中でも最大の球で描かれているのが鉄イオンで，その周りに 4 つのニクトゲンあるいはカルコゲンイオンが四面体頂点をなす形で配位している．（東工大細野研究室提供）

いる．

一方で，銅酸化物の母物質は絶縁体であり，その原因が銅原子の同一軌道上にある $3d$ 電子間に働く強いクーロン反発（電子相関）によるモット転移 [1)] にあると考えられているのに対し，LFAO も含め鉄系超伝導体の母物質は金属である．また，銅酸化物での主役は基本的に $3d_{x^2-y^2}$ 軌道からなる単一バンドであるのに対し，鉄系物質では 5 個の $3d$ 軌道すべてが伝導に関わっており，このような多バンド性が本質であるようにも見える．これに加え，$T_{\rm c}$ が最高で 55 K と高いことから，鉄系物質が示す超伝導の原因は従来型のフォノン機構でもなければ強い電子相関によるものでもない新たな機構によって引き起こされている可能性も指摘されている．

このような背景の下で，鉄系物質が示す超伝導の機構を解明する上での手がかりとして，著者らも含め μSR の研究者の多くが注目してきたのが，磁性と超伝導の共存・競合という性質である [57]．最初にも触れたように，磁性は基本的に超伝導状態を壊す要因であり，そのような磁性と超伝導が 1 つの物質中でどう折り合いをつけているかは，超伝導のメカニズムと深い関係にあると考えられる．ここで参考になるのが，コヒーレンス長 (ξ) と磁場侵入長 (λ) という

1) 通常の金属では，電子は（格子の正電荷を通して）相互に電荷を遮蔽しあうので，あたかもクーロン反発を感じない自由電子として振る舞う．ここで電子が原子あたり 1 個ある場合，自由電子を前提にしたバンド理論では電子は金属的であり続けるが，d 電子のように相互の遮蔽が弱く電子間のクーロン反発エネルギーが大きい場合には，電子が遍歴している（同一原子上に 2 個の電子が出会う確率が有限にある）よりは各原子上に 1 個ずつ局在している方がエネルギー的に得になり，絶縁体化する．このような機構による金属–絶縁体転移は，これを理論的に予言したネヴィル・モットにちなんでモット転移 (Mott transition) と呼ばれている．銅酸化物超伝導体の母物質では，銅原子の $3d$ 軌道の 1 つである $d_{x^2-y^2}$ 軌道からなるバンドをちょうど銅原子あたり 1 個の電子が占めている．

超伝導状態を記述する 2 つの長さスケールと，その大小によって現れる 2 種類の超伝導状態である．

前章でも述べたように，$\xi > \sqrt{2}\lambda$ という性質を持つ第 1 種超伝導体は完全反磁性を示し，超伝導と磁性は（厚さ $\sim\xi$ の境界領域を除き）巨視的な長さスケールでまったく相容れない関係にある．一方，第 2 種超伝導体 ($\xi < \sqrt{2}\lambda$) では磁束格子状態を形成し，両者はあたかも共存しているように見えるが，磁束を一本ずつ眺めてみるとその中心は超伝導が破壊された特異点（常伝導）になっており，そこを通る磁場を押さえ込むべく，特異点の周りを超伝導電流が周回している．ここで，磁束の中心から測って超伝導がほぼ復活するまでの半径を決めているのがコヒーレンス長であり（図 5.16 参照），遮蔽電流の分布を決めているのが λ である．

別の見方をすれば，第 2 種超伝導体における磁束格子状態というヘテロ構造は，磁性と超伝導という相反する性質を折り合わせるために自然が用意した解決策の具体例でもある．本節の主題である鉄系超伝導体も第 2 種超伝導体であることがすでに知られているが，このような物質中でさらに磁性（磁気秩序）が発現した場合，どのような電子状態が実現するのかが本章の興味の中心である．

ところで，磁束格子状態の磁場分布がどうなっているか，またそれを μSR でどのように観測するかについてはすでに 5.4 節で詳しく論じた．ミュオンを第 2 種超伝導体に注入すると，図 5.12 で示されるような軌道電流による磁場分布 $B(r)$ を結晶の単位格子の長さの分解能でランダムにサンプリングすることになり（なぜならミュオンは単位格子の特定サイトに停止する），磁場の密度分布関数 $n(B)$ を直接観察することができるとともに，そこから λ や ξ の値を導き出すことも可能である．

一方，磁気秩序状態では，5.3 節で論じたようにミュオンは外部磁場の有無にかかわらず自発磁化に伴う電子スピンの及ぼす磁場を直接感じ，秩序の度合いに応じた内部磁場やその揺らぎを観察することができる．ミュオンが感じる超微細相互作用の起源は主に距離 r の 3 乗で減衰する双極子磁場で，電子スピン（金属であればスピン密度波）からの磁場分布 $B_{\rm dip}(r)$ を半径 0.5 nm 程度の分解能で感じている．したがって，エックス線や中性子の回折点が実空間については平均としての情報しか与えないのとは対照的に，ミュオンからの信号は超微細相互作用の到達距離程度の空間分解能を持っている．

このような特徴を持つミュオンで鉄系超伝導物質を調べた結果見えてきたのは，超伝導状態と磁気秩序状態が数 nm というメゾスコピックな長さスケールで空間的に棲み分けて共存している（相分離）という状態である．もちろん，このような相分離はすべての鉄系超伝導物質に共通というものではなく，一部の物質では両者が空間的にも一様に共存している証拠も得られているが，その場合には両者が別の方法で折り合いをつけているらしいこともわかってきている．いずれにせよ大事なポイントは，**磁性と超伝導が共存する形は何も磁束格子状態に限らない**，ということであり，鉄系超伝導物質は，磁性と超伝導という相矛盾する性質を解決する上で自然が示す知恵と工夫ともいうべき多彩さを学ばせてくれる舞台なのである．

6.2 $CaFe_{1-x}Co_xAsF$ の島状超伝導

鉄-コバルト置換で現れる超伝導

今では鉄系超伝導体として知られている物質は 10 種類以上存在するが，東工大グループによって最初に発見された $LaFeAsO_{1-x}F_x$ に代表される 1111 型物質（図 6.1 参照）は依然として興味深い物質系である．この系においても擬 2 次元的な FeAs 面が金属磁性（反強磁性スピン密度波状態，転移温度 $T_m \simeq 140$ K 以下で現れる）を担っており，面間に配位している酸素 (O^{2-}) の 5%程度をフッ素 (F^-) に置換すると，T_c が 25 K を超える超伝導体となる．このとき付加された電荷が FeAs 面に供給されていることは，置換が進むに連れて FeAs 面の磁性が弱まって行く（T_m が徐々に低下する）ことからも裏付けられる（このとき構造相転移温度も同様に下がる）．

さらに興味深いことに，LaFeAsO と基本的に同じ物質と考えられる CaFeAsF（La^{3+} を Ca^{2+} に，O^{2-} を F^- に置き換えたもの）について，伝導を担う FeAs 面の鉄をコバルト（鉄より 1 個 d 電子が多い）に置換することで超伝導が発現することも見出された [58]．このような鉄-コバルト置換による超伝導の発現は他の鉄ニクタイト系でも見つかっており，「伝導面の修飾は超伝導を阻害する方向にしか働かない」という従来の経験則をくつがえすものとなっている．

新しい超伝導体が見つかった場合に，超伝導を担うクーパー対の形成に関わる引力相互作用のメカニズムを知る上で重要な手がかりの 1 つにクーパー対の対称性がある．電子対の内部自由度としてはスピン角運動量 S と軌道角運動量 L があり，電子間に短距離でクーロン反発が働くような場合，有限な軌道角運動量を持ってお互いに避け合うことで安定な超伝導状態が実現する．例えば，

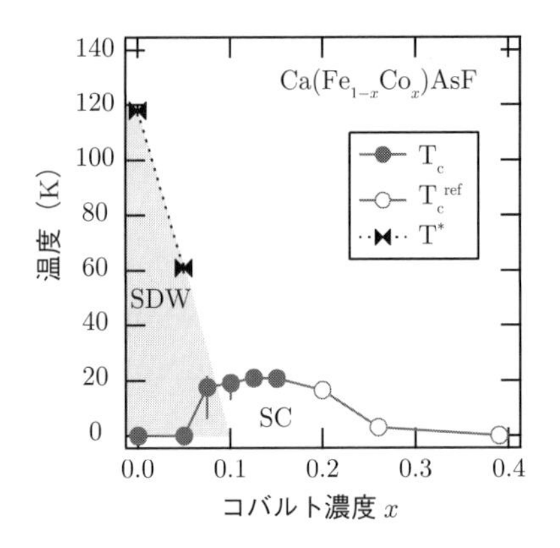

図 6.2　$\mathrm{CaFe}_{1-x}\mathrm{Co}_x\mathrm{AsF}$ のコバルト置換量 x に対する相図 [58]．T^* ($\sim T_\mathrm{m}$) は抵抗率で見た転移温度で，$x < 0.05$ では試料全体が反強磁性スピン密度波相 (SDW) へと転移する．一方，$x \geq 0.05$ では超伝導相が現れる．● は μSR 測定を行った試料の x と T_c を示している．

先の鉛や水銀では $L = 0$（s 波）の超伝導が実現しているのに対し，銅酸化物では $L = 2$（d 波）となっていることが知られている，このような対称性を調べる比較的手軽な方法の1つとして不純物効果がある．一般に s 波超伝導は不純物散乱に対して鈍感であるのに対し，d 波では比較的低濃度の不純物でも T_c が大きく減衰する．これは，d 波対のコヒーレンス長 $\xi(k)$ が特定の運動量方向 k に沿って極めて大きく（＝超伝導が弱い），散乱による影響を受けやすいためである．

鉄ニクタイト超伝導体についても，当初はこのような目的で「不純物」としてのコバルトで鉄を置換した効果が調べられたのだが [59]，引き続く研究のなかで思いがけない発見がもたらされた．それが鉄-コバルト置換で発現する超伝導である [58, 60]．図 6.2 に抵抗率，帯磁率といったバルク測定で得られた $\mathrm{CaFe}_{1-x}\mathrm{Co}_x\mathrm{AsF}$ のコバルト置換量 x に対する相図を示す．x が 5%付近から超伝導が出現し，10%前後で T_c がピークを示すが，さらに濃度が増大するにつれて T_c は徐々に下がってくる．122 型と呼ばれる $\mathrm{Ba(Fe}_{1-x}\mathrm{Co}_x)_2\mathrm{As}_2$ も基本的に同じような相図を示しており，このようなコバルト置換による超伝導の発現は FeAs 面に共通の現象と考えられる．ここで注目すべき点は，超伝導が出現する一方で依然として磁気転移が残っているコバルト濃度領域 ($0.05 < x < 0.1$) が存在するように見えることである．

前述のように，鉄ニクタイト系物質で母相の磁性（こちらも金属上で実現し

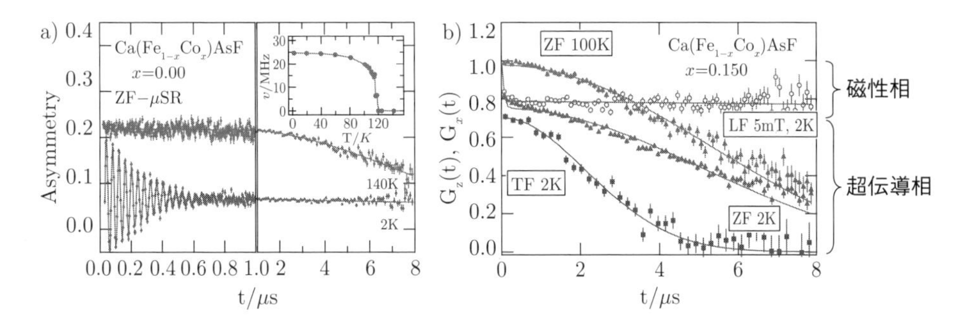

図 **6.3** $CaFe_{1-x}Co_xAsF$ 中で観測された μSR 時間スペクトルの例 [61]．a) は $x=0$ の試料における生データ（縦軸は陽電子の非対称度の振幅）で，$0 \le t \le 1$ μs までを拡大して示している．b) は $x=0.15$ でのスペクトルで，温度や外部磁場の条件が異なるデータ（ZF：ゼロ磁場，TF：横磁場，LF：縦磁場）を重ねて示すために $t=0$ での振幅を 1 に規格化してある．また横磁場スペクトルについては包絡線 $G_x(t)$ だけを示している．右側に示したのは最低温での各相の割合．

ている）とキャリア追加で出現する超伝導性が同じ金属中の d 電子によって担われているとすると，これら 2 つの相容れない状態がどのように共存，あるいは競合しているのかを明らかにすることはそれ自体で興味深いだけでなく，超伝導のメカニズムについても何らかの示唆を与えると期待される．

そこで，これが単なる試料の不均一性によるのか，それとも本質的なものなのかを調べるために，コバルト濃度を系統的に変化させた $CaFe_{1-x}Co_xAsF$（すべて粉末試料）を μSR で調べてみたのが以下の結果である [61]．

磁気秩序とミュオンサイト ($x=0$)

まず，コバルト置換を行う前の試料 ($x=0$) に外部磁場ゼロの状態でミュオンを注入すると，図 6.3 a) のように $T_{\rm m}$ より高温側の 140 K 付近で μSR 信号はガウス型の緩やかな減衰を示していることが見て取れる．これは基本的に非磁性状態のそれで，5.2 節で論じた核磁気モーメントからの弱いランダム磁場によるスピン緩和（Kubo-Toyabe 関数で表される）と見当がつく．ただし，図 5.6 b) の場合と異なり，観測時間内 ($0 \le t \le 8$ μs) では一旦緩和してから 1/3 に回復する振る舞いは見えていないが，これは緩和率 Δ が 0.1 MHz 程度で，見ている時間窓に比べて小さいからである．120 K 以下では全振幅の 3 分の 2 に相当する成分の振動が見られ，試料全体が磁気秩序状態になるとともに，ミュオンの停止位置で磁気秩序に伴う一様な内部磁場が発生していることがわかる（前

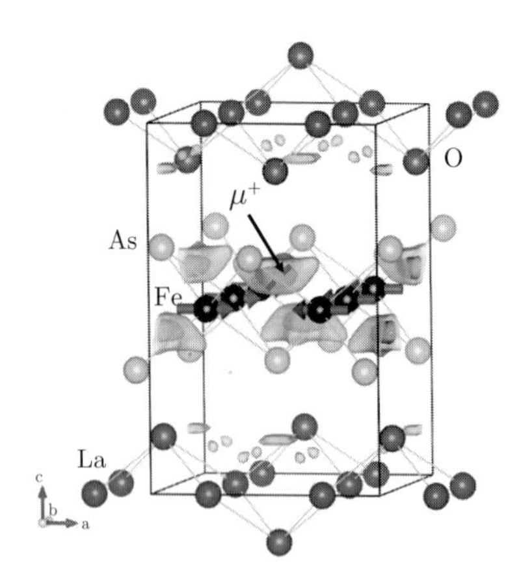

図 **6.4**　LaFeAsO 中でのミュオンサイト．電気陰性度が大きいヒ素原子に近い位置が静電ポテンシャルの極小となっている（口絵 3 参照）．

章の図 5.9 a) に対応）．ただし 0.3 μs 程度の時間で振動が減衰することから，内部磁場が中心値に対して 10%程度の分布を持っていることを示している．

図 6.3 a) の挿入図にあるように，内部磁場によるゼロ磁場スピン回転の周波数は 120 K 付近から急激に増大し，低温でおよそ $\nu \simeq 25$ MHz 程度の値に漸近的に近づいてゆく．ミュオンの磁気回転比 $\gamma_\mu = 2\pi \times 135.53$ MHz/T から，対応する内部磁場の値 $B_{\rm loc}$ は

$$B_{\rm loc} = 2\pi\nu/\gamma_\mu \simeq 0.19 \ \ ({\rm T}) \tag{6.1}$$

と見積もられる．これは LaFeAsO など，他の 1111 型物質で観測されている値とほぼ一致しており，いずれの場合にもミュオンが単位格子の同じサイトに停止し，同じ磁気秩序状態による内部磁場を感じていることが推測される．LaFeAsO の場合には，中性子回折実験などで明らかになっている磁気構造から予想される $B_{\rm loc}$ の空間分布と，ミュオンが感じる静電ポテンシャルの極小位置を付き合わせることで，ミュオンは図 6.4 で示されるような位置にあると推定されている．CaFeAsF の結晶構造が LaFeAsO とほぼ同じであることから，両者の間で $B_{\rm loc}$ がほぼ等しいということは，FeAs 面の磁気構造も共通であることが推測される．

磁性相と超伝導相への相分離 ($x = 0.15$)

一方，$x = 0.15$ の試料では，図 6.3 b) に見られるように最低温 (~2 K) でゼロ

磁場スペクトルの振幅の 20%程度が極めて短時間に減衰する様子が見える．これは $x = 0$ の試料において同じ条件で見えていた回転成分（磁気秩序を示す相からの信号）の割合が減少したものの，完全に消失したのではなく有限に残っていることを示唆している．しかも回転信号の減衰が速く，振動として見えなくなっていることから（同じく図 5.9 b) に対応），$x = 0$ の場合と異なり磁気秩序は短距離相関しか持っていないことがわかる．

次に，同じ温度で縦磁場 (LF) を印加したスペクトルを見ると，ゼロ磁場で見えていたガウス型の緩和が消失することが見て取れる．これは 2 つのことを意味する．1 つは，核磁気モーメントからの内部磁場が静的である，つまりミュオンは拡散運動をせずにじっとしているということである．もう一点は，短距離相関による磁気秩序相のスピン揺らぎもほとんど無視できるということである．この試料は粉末なので，磁気秩序相に停止したミュオンの 1/3 はミュオンの初期偏極に平行な内部磁場を感じている．縦磁場下でまったく緩和を示さないスペクトルは，その成分も緩和していないということを示しており，20%の成分が示す速い緩和が静的な磁場分布の乱れによることが裏付けられるとともに，磁気秩序相の体積分立は実際には $20 \times 3/2 = 30$ %であることが判明する（図 6.3 b) 右端の「磁性相」とある成分の割合はこの点まで考慮したものである）．

今度はこの状態で磁場の向きを変え，横磁場 (TF) を加えてみよう．磁束格子形成による磁場分布の変化は磁場に平行な成分の変調なので，縦磁場下では μSR スペクトルに何の変化ももたらさないが，横磁場下では位相緩和を引き起こす．横磁場スペクトルは $G_x(t)\cos\omega_\mu t$ という減衰振動になるが，図 6.3 b) では視認性を優先して包絡線 $G_x(t)$ のみを表示している．図 6.3 b) からは T_c 以下，つまり超伝導転移に伴って $G_x(t)$ の緩和率が増大していることが見て取れる．これは図 5.17 に示したような磁束格子状態に伴う不均一な磁場分布が発生したことを示している．このように，バルク測定では超伝導のみが同定されている $x = 0.15$ の試料も，μSR で調べると全体の約 3 割が磁気秩序に伴う自発磁化を発現する部分，残りの 7 割が超伝導を示す部分にと相分離していることがわかるのである．

このような測定を，コバルト濃度を変えながら行った結果が図 6.5 a) にまとめられている．興味深いことに，当初図 6.2 で示唆されたものよりずっと広いコバルト濃度の範囲にわたって磁性を持つ成分と超伝導を示す成分が共存し，しかも後者が x にほぼ比例して増大することがわかる．このような比例関係は，観察された相分離が単なるコバルト置換の不均一さによるものではない（そう

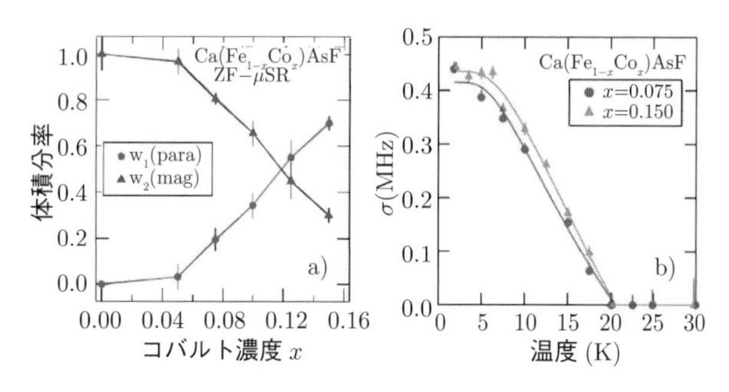

図 6.5　a) $\mathrm{CaFe_{1-x}Co_xAsF}$ 中の磁性相と超伝導の体積分率の x 依存性 [61]．b) 同物質中の超伝導相における横磁場 μSR の緩和率 σ（核磁気モーメントによる磁場からの寄与は差し引いてある）．コバルト濃度が $x = 0.075$ から $x = 0.15$ と 2 倍になり，超伝導体積分率も比例して増大しているにもかかわらず，超流体密度 n_{s} ($\propto \sigma$) はほとんど変化しない．

であればもっとばらついた結果になっていただろう）ことを示唆している．

超流体密度の x 依存性

ところで，すでに式 (5.120) で見たように，磁束格子状態による μSR 振幅の減衰率（正確には超伝導転移に伴う $G_x(t)$ の緩和率 σ の増分）は，超流体密度 n_{s}（伝導電子のうちクーパー対を形成している電子の密度で，λ の大きさを決めている）に比例している．したがって，σ と x の関係を見れば，超流体密度がコバルト濃度につれてどのように発達して行くのかを知ることができる．その結果が図 6.5 b) に示されているが，温度 $T \to 0$ の外挿値で σ の値は ~ 0.45 MHz と x によらずほぼ一定であることがわかる．これは，超伝導成分の体積分率を w_1 としたときに $n_{\mathrm{s}} \propto x/w_1$ と考えれば容易に理解でき，要するにコバルトを置換した分に比例して超流体密度一定のまま超伝導領域の体積が増大していくことを意味していると考えられる．ここから自然に想像されることは，コバルト原子の周りのある決まった一定領域が超伝導に寄与している，という状況であり，これを模式的に表してみたのが図 6.6 である．体積分率からざっと評価すると，コバルト一原子あたり半径 $\sim$1 nm 程度の超伝導の「島」を伴っているように見えるが，この長さはちょうどこの物質のコヒーレンス長と同程度である．

もちろん，このような小さな島が周りから孤立した状態で熱力学的な意味での「相転移」を起こすことはできない．この事情は島の外側の磁性体領域でも

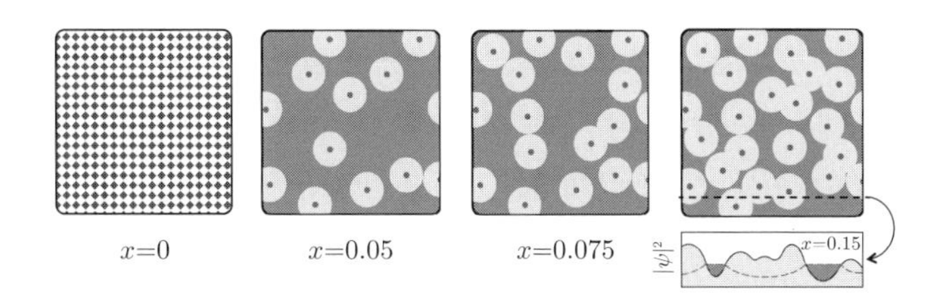

図 6.6 $CaFe_{1-x}Co_xAsF$ 中での磁性相と超伝導相がメゾスコピックな相分離を起こして共存している様子を描いた模式図. $x = 0$ では長距離相関を持つ反強磁性相が全体積を占めるが, $x > 0$ では短距離秩序相と超伝導相に分かれる. ● はコバルト原子で, その周りの一定領域で島状に超伝導が発達している.

同様で, 超伝導, 磁性いずれの相の秩序変数も相互の領域で完全にゼロとはならずに繋がっていると考えるのが自然である. これは島と島が実は海底で繋がっているようなもので,「島状」という命名の隠れた意味もそこにある. 超伝導の島どうしのつながりはいわゆるジョセフソン結合のようなものと想像され, この結合を通じて超伝導電流が流れることを考えあわせれば, 1 つひとつの島のサイズよりもずっと長い磁場侵入長のスケールで変化する磁場分布の不均一がミュオンで観測できることも理解できる.

ところで, コヒーレンス長程度の大きさの島を作っている超伝導状態というと, 冒頭に説明した磁束格子との類似が思い出される. 鉄系超伝導体においてもこのような「混合状態」を取ることで, 全体として自由エネルギーを得しているのではないか, という想像が脳裏をよぎる. これは, 例えばかつて希土類を含む超伝導体で予想された自発的な磁束状態 [62] (希土類の自発磁化が磁束格子状に発達した状態) について, 超伝導と磁性の役割を (実空間で) 逆転したものとしても理解できるのかも知れない. いずれせよ, この例においては鉄-コバルト置換が必ずしも単純なキャリアドーピングとは見なせないことを示唆していると言える. 最近の理論計算でも, 鉄-コバルト置換により導入された d 電子はコバルト原子周辺で局在する, という傾向が指摘されており [63], 我々の結果とも符合しているように見える.

類似の現象として興味深いもう 1 つの例が, 銅酸化物高温超伝導体における不純物効果である. 銅酸化物では CuO_2 面の正孔が超伝導を担っているが, 銅をニッケルで置換する (正孔を追加する) ことはちょうど鉄系超伝導体での鉄-コバルト置換に対応するように見える. 銅酸化物の場合, 鉄ニクタイトとは逆に銅-ニッケル置換で超伝導が破壊されて反強磁性相が現われることが知られているが，そのような磁性相の体積分率はニッケル置換量に比例していることから，やはりニッケル原子の周りで島状に反強磁性が発達すると想像されており，そのような反強磁性の島を超伝導というチーズに空いた穴に見立てた「スイスチーズ」モデルという呼称でも知られている．これが鉄系超伝導体の場合と直接関連するかどうかはともかく，何が「島状」超伝導と「スイスチーズ」超伝導の違いをもたらすものか，など興味は尽きない．

なお，不純物効果に関わるもともとの興味であったクーパー対の対称性について言えば，恐らく上述のような実験事実が d 波対のような対称性とは相容れないことは確かであろう．有力な可能性としては鉄ヒ素系特有の多バンド構造の下，s 波対称性を持ちながらバンド間で符号が変わる（$s_{\pm}$ と呼ばれる）秩序変数の可能性が議論されているが [64]，軌道揺らぎが関与している可能性も指摘されている [65]．

6.3　$LaFeAsO_{1-x}H_x$ で見出された第2の反強磁性相

冒頭にも述べたように，鉄系超伝導物質すべてに共通して見られる特徴は，母物質（母相）が反強磁性秩序を基底状態に持つ物質で，これに化学置換などによりキャリアをドープすることで反強磁性秩序が抑制されて超伝導が出現する点である．これは鉄系物質のみならず，銅酸化物や重い電子系超伝導体，さらにはアルカリ金属ドープフラーレンなどでも見られる特徴で，母物質に存在する反強磁性相互作用が超伝導のメカニズムと密接に関係していると考えられている．もちろん，鉄系物質固有の特徴として5つの d 軌道が複雑に絡みあう多バンド系であること [64]，さらに物質の構造，特にヒ素原子の位置に依存して物性に寄与するバンドの起源が少しずつ異なっていることが知られており [66]，鉄系ではスピン・軌道・構造の関係が銅酸化物系よりも密接であると考えられる [65]．

このような背景の下，最近の1111型物質の研究における大きな進展として，フッ素の代わりによりイオン半径の小さい水素で酸素を置換することで x が0.5を大きく超える濃度までキャリアドーピングを行うことが可能になったことが挙げられる．その結果として $LaFeAsO_{1-x}H_x$ (LFAO-H) では $x \simeq 0.2$ で見られていたよりも高い T_c のピーク ($\simeq 36$ K) を持つ第2の超伝導相 [67]，さらにはそのさらに高濃度側に第 2 の反強磁性相が見つかり [68]，同一物質中でのもう一組の母相-超伝導相対の発見として注目されている．

LFAO-H における第 2 の反強磁性相の同定に際しては，高ドーピング濃度領域で核磁気共鳴により示唆されていた磁性について [69]，そのドーピング相図を μSR により一気に明らかにするとともに，相図上の特徴的な濃度において放射光・中性子による集中的な測定を行い，新規相の微視的な物性を迅速に解明することに成功している．本節では「μSR で何がわかるか」についてのもう 1 つの典型例として，この研究のミュオンに関する部分を中心に紹介しよう．

水素化物によるキャリアドーピング

1111 型の物質を研究する上での 1 つの問題は，電子ドーパントであるフッ素イオン (F^-) が酸素サイトに 20%ほどしか固溶しないため，ドーピング範囲が限られていることであった．そこで東工大グループでは，F^- に代わる新たな電子ドーパントとして水素化物イオン (H^-) に注目した．すでに第 4 章でも眺めたように，物質中の水素はよく知られたカチオン（プロトン，H^+）の他にアニオン（ヒドリド，H^-）の状態を取ることもできる．東工大では，高圧下における固相反応法を用いることで $Ln\mathrm{FeAsO}_{1-x}\mathrm{H}_x$（$Ln$ = ランタノイド）を合成し，$x \sim 0.5$ にも及ぶ広範囲の水素置換に成功した．その結果，図 6.7 に示されるように $x \sim 0.35$ で T_c の最大値 36 K を示す第 2 の超伝導相が発見されるに至った [67].

LaFeAsO は 155 K に構造転移，137 K に反強磁性秩序（スピン密度波）を示す金属であることが知られている．O^{2-} を H^- で置換していくと，構造転移と磁気転移の両者が同時に消失し，$x > 0.04$ で超伝導相が現れる．この超伝導相は，$x \simeq 0.08$ で超伝導転移点の極大値 $T_c \simeq 27$ K を示す．その後，$x \sim 0.2$ で $T_c \simeq 18$ K の最小値を取る．ここまでの各相の消失，出現，転移温度は F^- 置換と同じ過程をたどっており [70]，H^- が F^- と同様に電子ドーパントとして働いていることがわかる．

ところが，$x = 0.2$ よりさらに電子をドープしていくと T_c は再度上昇し，驚くことに $x \sim 0.35$ で $T_c \simeq 36$ K の極大値を示す．$x \sim 0.5$ になると，ようやくゼロ抵抗が消失し過剰ドープ領域を迎える．つまり，超伝導相には $0.04 < x \leq 0.2$ の超伝導第 1 相 (SC1) と $0.2 < x \leq 0.5$ の第 2 相 (SC2) があることが判明し，最も「古典的」な鉄系超伝導物質である LaFeAsO において「隠されていた超伝導相」の存在が明らかになったわけである．

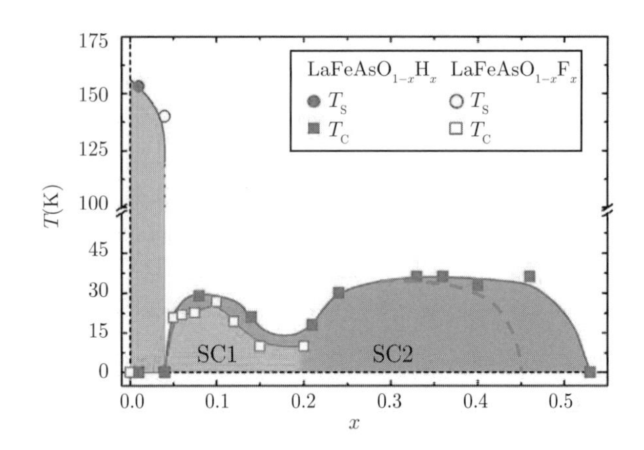

図 6.7　酸素-水素置換ドープにより得られた $\mathrm{LaFeAsO}_{1-x}\mathrm{H}_x$ の新たな超伝導相 (SC2). $0 \le x \le 0.2$ では $\mathrm{LaFeAsO}_{1-x}\mathrm{F}_x$ の結果を再現している（文献 [67] より．ここで x は試料合成時の仕込み値で，後の分析により実際の濃度との対応は破線のようになっていたことが判明している）.

第2の超伝導相に隣接する新たな反強磁性相

キャリアドーピングに対して超伝導相が2つの T_c 極大を持つという振る舞いはあまり前例がなく，それだけでも $\mathrm{LaFeAsO}_{1-x}\mathrm{H}_x$ の電子相図は大いに興味を引く．x の増大につれてフェルミ面の形がどう変わるか，またそれによって超伝導に関わる複数の d バンドの寄与がどう変わるかなど，さまざまな疑問がわくが，それにも増して知りたくなるのが「もっと高濃度側ではどうなっているのか」である．

このような新物質の電子相図マッピングにおいて μSR は最も強力なミクロ測定の手法であり，この場合にも十分に威力を発揮した．早速実際のデータを眺めてみよう．図 6.8 a) に $x = 0.45$ のゼロ磁場におけるミュオンスピン偏極の時間スペクトルを示す [68]．この図では，時刻原点に近い時間領域を拡大して見るために時間軸を対数に取ってある．そのせいでややわかりずらくなっているが，実は 300 K でも緩和関数 $G_z(t)$ は指数関数的に減衰している．これは今のところ試料中に残存している鉄の不純物によるものと考えられている．いずれにせよ，この温度では長距離磁気秩序がないことがわかる．

一方，80 K 付近から低温では速い緩和を伴った回転成分らしきものが発達し始めている．最低温の 1.6 K での曲線の形だけを見ると Kubo-Toyabe 関数に

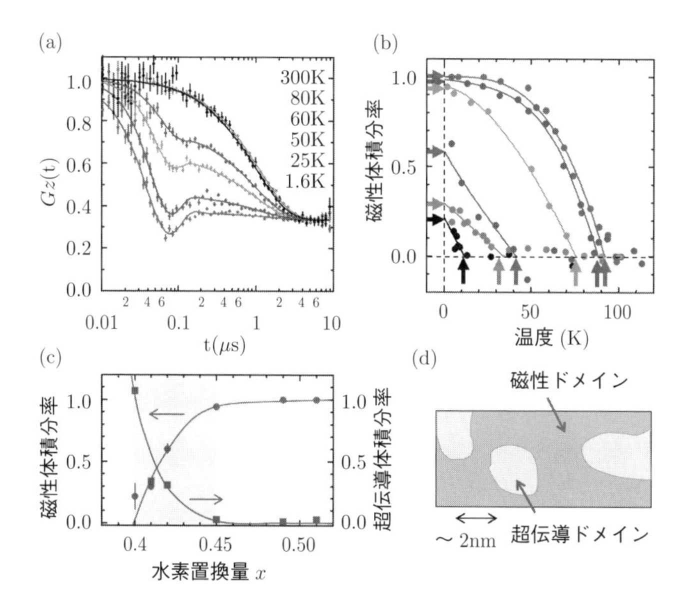

図 6.8　$LaFeAsO_{1-x}H_x$ についての μSR 測定で得られた結果. a) $x = 0.45$ の試料中でのゼロ磁場 μSR 時間スペクトル $G_z(t)$ の温度依存性. b) 速い減衰回転を示す信号の相対比として求められる磁性体積分率の温度依存性. c) 磁性および超伝導体積分率の x 依存性. μSR の結果から想像されるメゾスコピックな相分離の様子（文献 [68,71] より）（口絵 4 参照).

似ていなくもない. もしこれが Kubo-Toyabe 関数に対応するのであれば, 5.2 節で論じたように同じサイズのランダムな向きの磁気モーメントがミュオンから等距離のところに 4 個以上存在し, それらが同時に双極子磁場を及ぼしている, というような状況を考えなければならない. しかしながら, 電子間に相互作用が働く場合, 通常それはスピンを並行あるいは反並行に揃える力として働き, 相互に等距離にある電子間に働く力は大きさも同じはずである. したがって, 1 つの電子に複数の隣接する電子から働く相互作用が相矛盾する（相互に逆向きに揃えようとする）ような場合—これをフラストレーションと呼ぶ—を除き, 電子スピンがランダムに向くという状況は考えにくい（鉄系物質の基本構造である 2 次元 FeAs 面については, 電子状態がこのようなフラストレーションを伴っているという証拠は見つかっていない).

以上の考察から, 観測されている時間スペクトルは分布を伴った内部磁場 $B_{\rm loc}$ によるスピン回転に対応し, 磁気秩序の発達を意味していると推測できる. また, その回転周波数と振幅は低温に向かって次第に大きくなっていくことも見て取れる．ミュオンの停止位置は単位格子のなかでは一定であるものの，試料全体で見ればランダムなので，回転信号の振幅は磁性相の体積分率に対応する．さらに，中性子回折など別の方法で磁気構造がわかれば，これとミュオンサイトの情報を考慮して，内部磁場の大きさから磁性相ドメインでの磁気モーメントの大きさを見積もることもできる．

図 6.8 b) は，ミュオン緩和成分の振幅から求めた各組成における磁性相体積分率の温度変化である．$x = 0.51$ の場合，体積分率は $T_{\rm N} \simeq 90$ K 付近から増大し始め，∼20 K 以下ではほぼ 100%である．しかし，H^- 置換量を減らすと，$T_{\rm N}$ と体積分率の両方が次第に減少していくことがわかる．先にも触れたように，母物質に近い低ドープ側では $x \simeq 0.05$ で磁気秩序相が不連続に消失するように見えるので，ここでのキャリア濃度の変化に対する磁気秩序相の発達・消失の仕方は低ドープ側とは質的に異なっている．

これと磁化率測定から求めた最低温度における超伝導相体積分率の H^- 置換量依存性を比べて示したのが図 6.8 c) である．高ドープ側からたどっていくと，磁性相体積分率は $x \simeq 0.45$ までほぼ 100%であるが，$x \simeq 0.42$ から急に減少し始め，$x \simeq 0.40$ 付近で消失しているように見える．一方，超伝導相体積分率は $x \simeq 0.40$ 付近から減少し，$x \simeq 0.45$ 付近でほぼゼロとなっている．これら磁性および超伝導相の体積分率の合計はほぼ 1 になるので，$0.40 < x < 0.45$ の領域で反強磁性相と超伝導相のドメインからなる共存相が出現していることを示唆している．このような相分離による共存は，前節の鉄-コバルト置換の場合とよく似ていることが見て取れるだろう．

いずれにせよ，μSR 測定によって得られた $T_{\rm N}$ も含めて LFAO-H の電子相図をまとめたのが図 6.9 である．μSR でマップされた相境界に基づき，狙い目の置換量 $x \sim 0.5$ 付近の試料を中心に中性子，放射光による詳しい測定が行われた結果，AF2 相の磁気構造が AF1($x = 0$) のそれとは大きく異なっていること，さらに AF2 相への転移が構造相転移を伴っていることなどが明らかにされている [68]．

ここで改めて相分離の空間スケールについて考察してみよう．後の中性子回折の結果から，d 電子が持つ磁気モーメントの大きさは $x = 0.45$ で $0.8\mu_B$ 程度である．d 電子からの磁場に対する μSR 測定の感度は，核磁気モーメントからのそれと区別できるという意味では 0.5∼1 mT 程度であり，ミュオンと磁気モーメントの距離が 2 nm になるとこの程度の大きさまで減衰する．つまり，ミュオンが d 電子からの磁場を感じない非磁性領域は最小でも 2 nm 四方程度の広がり

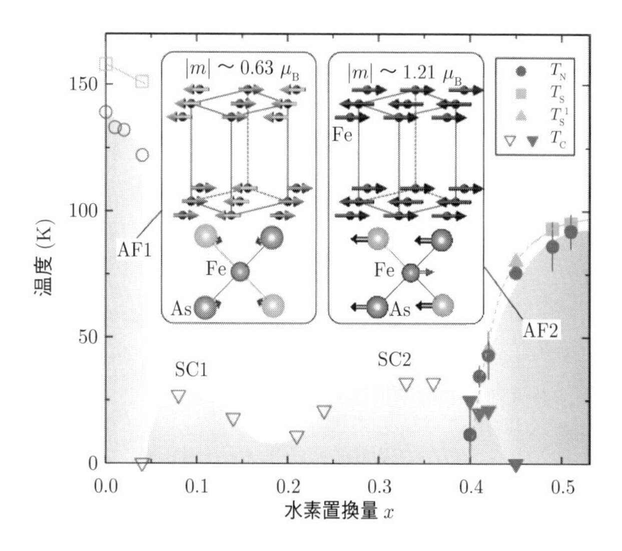

図 **6.9** LaFeAsO$_{1-x}$H$_x$ について得られた電子相図．AF2 とあるのが第 2 の反強磁性相．μSR で観測された磁気転移温度 $T_{\rm N}$ は中性子回折によるものと一致している．$T_{\rm s}$，$T'_{\rm s}$ は放射光 X 線回折で観測された構造相転移の温度．挿入図はそれぞれの磁気秩序相における磁気構造と結晶格子の変異を模式的に示したもの（文献 [68] より）．

を持っていることになる．この様子を模式的に示したのが図 6.8 d) である．図 6.6 とよく似ているが，前節の CaFe$_{1-x}$Co$_x$AsF の場合と異なり，今度は $x \simeq 0.5$ を原点とし，H$^-$ を O^{2-} に置換して正孔をドープすることで磁性が抑制されると考えると定性的にはわかりやすい．この場合，コバルトが $x_{\rm c}({\rm Co}) \sim 15\sim20\%$で磁性が完全に抑えられたのに対し，酸素は $x_{\rm c}({\rm O}) \sim 5\%$で同じ効果が得られていることから，1 つの正孔が伴っている非磁性ドメインはコバルト置換による電子のそれの $[x_{\rm c}({\rm Co})/x_{\rm c}({\rm O})]^{1/2} \sim 2$ 倍と見積もられる．コバルト原子 1 個あたりのドメインサイズがおよそ 1 nm だったことを考えれば，このようなモデルで大雑把な理解ができることが見て取れるだろう．

なお，磁性相ドメインにおける内部磁場が不均一であるように見える原因としてまず考えられるのは，元素置換に伴う試料の不均一である．他の物性測定で問題にならない位の分布でも，超高感度プローブであるミュオンには影響がでているのかもしれない．もう 1 つの解釈は，格子不整合な磁気伝搬ベクトルを有する可能性である．中性子線回折では，格子整合であることが判明しているが，観測できていない格子不整合な磁気伝搬ベクトルがあるのかもしれない．

この格子不整合な磁気構造は，La1111 の H^- 高濃度領域での核磁気共鳴測定でも示唆されており [69]，未解決の問題として残されている．

6.4　まとめと展望

以上，本章では μSR という実空間で原子スケールの情報をもたらすプローブを用い，1111 型の鉄系超伝導体中での磁性と超伝導の相分離による共存についての研究結果を中心に紹介した．相分離というと，水と油が巨視的なスケールで分離したような状態を想像しがちであるが，実際のところはマヨネーズのようなメゾスコピックな「混合状態」であることは想像して頂けたのではないかと思う．このような研究から得られる重要なメッセージの 1 つは，「バルク測定で得られる相図は必ずしもミクロな状況とは対応していない」ということである．銅酸化物においても，例えば走査トンネル分光といった実空間プローブでの研究によって超伝導ギャップの大きさが空間的に大きなばらつきを示すことが見出されるなど，遷移金属化合物の物性は実空間における平均量だけで考えていては理解できないことが少なくない．

鉄系超伝導体の研究に戻ると，鉄-コバルト置換で見出された島状超伝導が 1111 型だけでなく，他の物質系についても起きているかどうかは興味ある問題である．面白いことに，もう 1 つの代表的な系である 122 系では 2 つの異なった状況が報告されている．まず，ホールドープ系と呼ばれる $Ba_{1-x}K_xFe_2As_2$ では，磁性相と超伝導相のメゾスコピックな相分離による共存が μSR [72–74] および NMR [75] の研究から強く示唆されている一方で，両者が原子スケールで一様に重なり合っているとする報告もある [76–78]．対照的に，$Ba(Fe_{1-x}Co_x)_2As_2$ では，コバルト置換であるにもかかわらず磁性と超伝導が空間的に一様に共存し，秩序変数が互いに競合する実験結果（超伝導が発達するとともに鉄の磁気モーメントサイズが減少する）が報告されている [79]．

また，水素置換により $LaFeAsO_{1-x}H_x$ の高キャリア濃度領域で新たに見出された反強磁性相でも，鉄-コバルト置換の場合ほど広くはないものの，$0.4 \leq x \leq 0.45$ といった有限のキャリア濃度領域で隣接する超伝導相と相分離により共存していることも明らかになった．こうなってくると，磁性相と超伝導相がある $x \simeq 0.05$ を境にきれいに分かれる（共存相がない）とした初期の報告 [70] がどの程度正確なのかを確かめたくもなる．こちらについては，我々が初期に見出した「磁性（高温のスピン密度波相とは異なる）と超伝導が同じ転移（臨界）温度以下で発達する」という奇妙な現象 [80] を手がかりにしてさらに詳しい研究を行った結果，やはり非常に狭い置換濃度 x の範囲ではあるもののメゾスコピックな相分離による共存が確認され，しかも磁性相と超伝導相の境界ドメインで超伝導が磁気秩序を助けているといった珍しい現象の証拠が得られている [81]．さらには，比較的弱い外部磁場（数テスラ）の下で現れる超伝導相内での磁場誘起磁性など，この物質系では磁性と超伝導に関わる興味深い現象が次々に明らかになりつつあり，もうしばらくは目が離せない状況が続くであろう．

第7章 おわりに

ミュオンのみならず，放射光，中性子といった量子ビームの発生には，基本的に最先端の大型粒子加速器群を必要とするが，これらの装置は（特にその建設初期においては）素粒子や原子核物理学の実験研究にも用いられる．したがって，量子ビームを用いた物質科学は常にこのような研究と隣り合わせであり，お互いにその目的や存在理由を意識する機会は少なくない．特にミュオンが関わる研究は素粒子物理から物質科学まで幅広いスペクトルを持ついう点で，異分野どうしが出会う場所でもある．というわけで，本書を閉じるにあたり，ミュオンを通して垣間見える物質科学の意義を読者へのメッセージとして記しておきたい．

素粒子物理学と粒子加速器

冒頭に紹介した標準理論からも推察されるように，素粒子物理学の研究目的は，我々の住む世界（宇宙）がどのような「基本粒子」とその「相互作用」から成り立っているかを知ることである（ただし，このような研究は暗黙の前提，すなわち我々の住む世界の成り立ちは最終的にそのような基本粒子とその間の相互作用ですべて理解できるだろう，という推測に基づいているが，この推測が正しいかどうかは自明ではないことに注意しよう）．

それでは「基本粒子」とは何かというと，これは内部に構造を持たない，すなわちそれ以上分割できない粒子を意味する．古代ギリシャの哲学者によって用いられ，原子=アトムの語源でもあるギリシャ語 ἄτομος という言葉が「分割できないもの」を意味していたことはよく知られている．

そこで，今度はある粒子が内部に構造を持たないかどうかをどうやって調べるか，ということになるが，そのための道具が粒子加速器である．ここで粒子を加速する目的は大きく分けて 2 通りある．1 つは，高エネルギーに加速された粒子 A をエネルギーに反比例する波長を持つ波として調べたい粒子 B に衝突させ，その散乱からBの構造を調べるという目的である（弾性散乱）．これは文字通り加速器を顕微鏡として用いていることに対応し，ラザフォードが α 線を金箔に衝突させてその散乱の様子から原子核の大きさを調べて以来，定番の手法である．

もう1つの目的は，特殊相対性理論から導かれる $E = mc^2$ の関係を利用し，2つの粒子の衝突エネルギーを質量に転換することで内部構造の励起に伴う新たな質量の固有状態（粒子）が生成するかどうかを調べる，というものである（非弾性散乱）．もちろん，衝突過程では，くだんの粒子の内部構造とは関係なくエネルギー的に許される既知の粒子も多数生成するので，衝突の瞬間に実現する高エネルギー状態がどのようなものであるかを正確に理解し，その中から肝心の情報を拾い上げるためのさまざまな工夫が必要であることは言うまでもない[1)]．

宇宙考古学としての素粒子物理学

ところで，天文学と宇宙論における近年の急速な発展により，粒子加速器で創り出される前述のような高エネルギー状態（超高温・超高密度状態）は「初期宇宙」の状態をシミュレートしている，と見なされるようになってきた．

よく知られているように，現在，我々が目にしている宇宙はほぼ一様等方的に膨張している（ハッブルの法則）．これは，時間を逆にたどればいつかの時点で宇宙は無限に小さな「点」のような状態になってしまうことを意味する．もちろん，この「点」のような宇宙はその後の星々を作るに十分な質量を閉じ込めた途方もなく高いエネルギーの状態でなければならず，物理の法則に従って急激に膨張しながら降温していくことになるだろう．このような宇宙の始まりとその進化を記述するのがビッグバン理論である．

ビッグバン理論における初期宇宙の進化過程を理解する上で，素粒子物理学の知見が決定的に重要であることは明らかである．なぜなら，初期宇宙においては一群の基本粒子，それらの間の相互作用を媒介する粒子，および「真空（ヒッグス粒子の海）」が量子力学で支配されるような狭い空間内に超高密度で存在する状態にあり，このような状態を正確に理解することなくして宇宙の進化を語ることはできないからである．

---

1) 現在，物質科学で最先端の手法と見なされるX線自由電子レーザー (XFEL) による散乱実験は，このような高エネルギー物理学の実験と似たようなものとなりつつあるという点で興味深い．

初期宇宙では，まず最初の大爆発（ビッグバン）から約 10^{-35} 秒後に「インフレーション」と呼ばれる指数関数的な宇宙の膨張が生起し，その直後に純粋なエネルギーの塊からいわばクォークとグルーオンのスープのような状態へと移行したと想像されている．現在我々が手にしている高エネルギー粒子加速器での実験では，粒子どうしの衝突点においてこのクォーク・グルーオン・プラズマと呼ばれる状態を再現しつつあると考えられており，まさに初期宇宙の様子を実験的に観察する機会を与えているとも言える [2)]．

言い換えれば，現代の素粒子物理学は，我々の住む宇宙がどのように生まれたのかを探ることで「我々はどこから来たのか」という問いへの究極の答えを探そうとする考古学的な営みなのである．その答えが見つかるときが来れば，ミュオンという粒子もその答えのなかでしかるべき居場所を得る，つまり「謎の粒子」ではなくなるのかもしれない．

ビッグバンから現在の宇宙へ

ビッグバン理論が教えるところによれば，我々の住む宇宙は最初の大爆発からインフレーションの過程を経て，およそ 10^{-10} 秒後に最初の相転移を起こしてクォーク・グルーオン・プラズマ状態となる．これは原始のスープから「強い相互作用」が分離析出したことを意味する．このときの宇宙の温度はおよそ 10^{15} K (10^{11} eV) である．さらに膨張しながら冷却すると，温度が 10^{12} K (10^{8} eV) まで下がった 10^{-4} 秒後にはクォークが 3 個集まって陽子や中性子が形成される [3)]．また，このあたりでそれまで 1 つに見えていた電弱相互作用が分離し始め，弱い相互作用を媒介する「光」（ウィークボゾン，表 2.2 を参照）は巨大な質量を持つようになる，といったことが起こる．さらに膨張・冷却が進んで温度が 10^{9} K (10^{5} eV) ぐらいになると，今度は陽子や中性子どうしが核反応を起こして結合し，重陽子やヘリウムの原子核が形成される．この間，約 3〜4 分が経過したと考えられている．

その後，宇宙は 70 万年程度で太陽の表面温度と同じくらいの温度 10^{4} K (10^{0} eV) まで冷却し，電子の持つ熱エネルギーが原子のイオン化エネルギーを下回

---

2) 例えば，本シリーズ第 3 巻，「クォーク・グルーオン・プラズマの物理」を参照．

3) この段階で，例えば陽子と同じように反陽子も形成されるわけだが，これらはお互いに対消滅を起こして光に戻るので，両者の間に何がしかの不均衡がなければ最終的に物質は残らなかったはずである．今日我々が目にする宇宙には物質が残っていることから，この不均衡が存在したことは確かだが，その理由や詳細は今もってよくわかっていない．

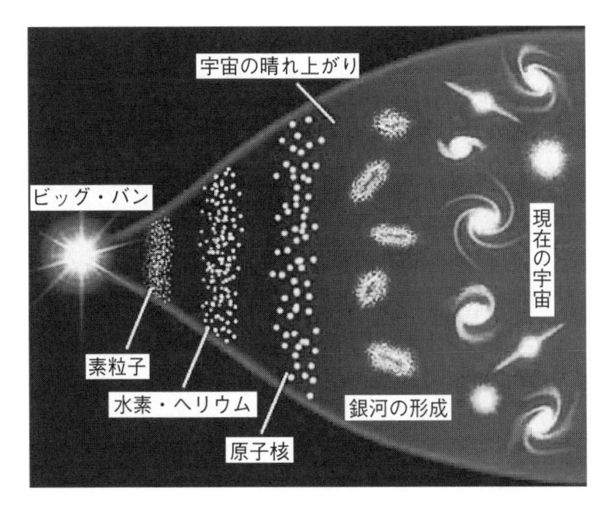

図 **7.1** ビッグバン理論における宇宙の進化形成過程（JST のウェブサイトより）.

るようになる，つまり中性原子が生成され始める．こうなると，宇宙空間には自由な電子がいなくなるので光（電磁波）は散乱されることがほとんどなくなり，はるか彼方からの光も見えるようになる，つまり「宇宙は晴れ上がった」状態になる．

さて，宇宙を満たすようになった電気的に中性の物質（大部分は水素やヘリウムといった軽元素からなる）は光とほとんど相互作用をせず，ひたすら膨張・冷却を続ける宇宙を漂うことになるわけだが，そこで支配的になるのが重力相互作用である．これにより物質どうしは引き合って銀河や星となり，太陽のような星のなかでは核融合反応が起きて，周期律表で鉄あたりまでの重い元素が合成されるようになる．さらに重い星は最後には超新星爆発を起こして鉄よりも重い元素を生成するとともにそれらを宇宙に放出し，また次の星の材料になっていく．かくして，およそ 137 億年という長い時間の経過の後，我々が周期律表で知るおよそ百種にも及ぶ元素という多彩な材料が生み出されたわけである．このような過程を大雑把に表したのが図 7.1 である．

一方，光の方はどうなったかというと，物質から切り離された光はこれほど長い時間にわたって宇宙とともに冷却し続けた結果，現在では 2.726 K の黒体輻射に相当する温度まで下がっている．これが宇宙背景放射と呼ばれているもので，マイクロ波と呼ばれる周波数帯の電磁波として宇宙の全天からほぼ等方的に地球に降り注いでいる．このような電磁波の存在はビッグバン宇宙論を裏

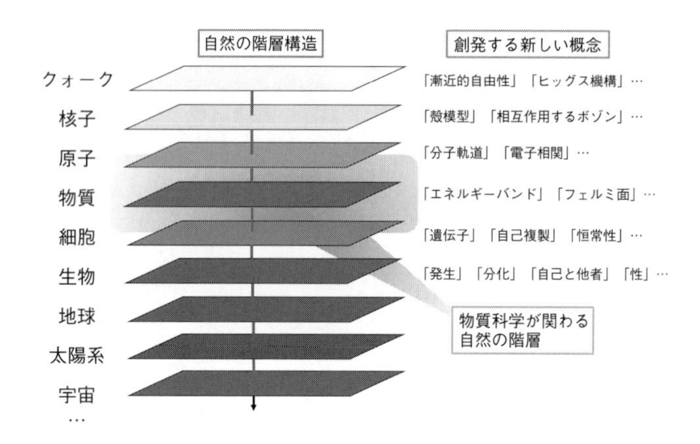

図 7.2　宇宙の階層構造と，各階層で現れる新たな概念．これらの概念なしにそれぞれの階層を的確に理解することは困難であるという意味で，自然界は「創発性」を内包していると言える．

付ける有力な証拠と考えられている．

宇宙の階層構造と物質科学：「多は異なり」

ここで，このような宇宙の進化過程が，単に宇宙の冷却とそれに伴う熱力学的な平衡状態への移行ではないことに注意しよう．図 7.2 に示すように，それは宇宙に質的に異なる階層構造が形成されていく過程でもある．さらに重要な点は，新しい階層の形成がそれを理解する上で必要な新しい「概念」を必要とするということである．これは「創発性」とも呼ばれる．

例えば，「元素」（＝異なる原子核を持つ原子）という概念は，陽子と中性子がバラバラで存在できなくなる 10^6 eV 以下のエネルギー階層において初めて意味を持つ．同じように，「原子」という概念は電子が原子軌道上で安定に存在できる 10^1 eV というエネルギースケール以下の階層でのみ有効である．逆に，ある階層で生起する現象を理解しようとするとき，その上下の階層の自由度が顔を出すことは滅多にない．例えば，原子のイオン化エネルギーを議論する際には，原子核はある定まった正電荷を持つ点と見なしても差し支えなく，原子核内で陽子や中性子が創り出す核構造（原子核物理学の対象である）を考える必要はない．

さて，本書は物質科学についての著作であるが，そのなかでも特に本書が対象とする階層は，個々の原子や分子よりもさらにもう 1 つエネルギー的に下った階層，原子や分子がアボガドロ数個という膨大な数だけ集まって形成される「凝集系 (condensed matter)」と呼ばれる階層である．図 7.2 右に示したように，この階層では例えば「エネルギーバンド」,「フェルミ面」，さらには「超伝導」といった新しい概念が創出されるが，これらは決してそれより高いエネルギー側の階層における概念に還元できないし，逆もまたそうである．

このような異なる階層における新しい概念の創発について，米国の物性物理学者フィリップ・アンダーソンは「More is different（多は異なり）」と表現した [82]．これは，例えば社会科学でよく用いられる「量の変化は質の変化をもたらす」という格言に比することもできるだろう．かつてポール・ディラックは，20 世紀前半に量子力学が完成した時期に「物理の大部分と化学の全体を数学的に取り扱うために必要な基本的法則は完全にわかっている．これらの法則を適用すると複雑すぎて解くことのできない方程式に行き着いてしまうことだけが困難なのである」と語っているが [83]，これがもし「そこにはもう何も新しいことはない」といった意見の表明であるならば，大きな見当違いというものであろう．

凝集系科学が目指すもの

すべての科学の目的は，我々の未来を予測することにある．素粒子物理学による「宇宙考古学」ですら，その知見は過去から振り返って宇宙の未来の姿を予測するためにある，と言ってもよい．物質科学の目的も物質の性質を予測することであり，その究極として望みの性質を持つ物質を自在に創り出すことこそがその目的である．なお付言すれば，凝集系科学では今や 10^{-6} K という極低温の世界，宇宙がいまだかつて創り出したことのない温度領域を調べている．その意味で，凝集系科学は素粒子物理学とは逆の極限世界に迫る知的な挑戦とも言えるだろう．

物質科学，とりわけ凝集系科学という分野は，大きく分けて物性物理学と化学・材料科学から成り立っているとも言える．物性物理学の目的は，凝集系に普遍的・基本的な概念の探索と構築にある．一方，化学・材料科学が目指しているのは，そのような基礎的知見に基づく先端的な機能材料の創出であろう．この両者が有機的に連携することで，例えば室温超伝導体や超高効率の太陽光発電素子材料を開発することがいつの日か可能になるかもしれない．このように，凝集系科学は単に我々の未来を予測するだけでなく，未来を創り出す科学でもある．

エピローグ

ものごとを学ぶに際しては，的確な動機付けが必要である．これは本シリーズの他の著作を学ぶ上でも重要なポイントである．本書の主題であるミュオンスピン回転法も，物性物理学が目指す「普遍的・基本的な概念の探索と構築」に寄与するための数ある実験手法の１つに過ぎないことをまず理解してほしい．そのために，執筆にあたっては入門書として本書を手に取る読者を念頭に，常にエックス線や中性子といった他の量子ビーム，さらには核磁気共鳴法との比較を意識しながら執筆したつもりである．いずれにせよ，ミュオンスピン回転法を学ぶ上で大切なことは，読者がまず凝集系科学，とりわけ物性物理学に興味を抱くことである．本書がそのような心構えのために少しでも役立てば幸いである．

参考文献

[1] N. Kawamura, private communication.

[2] D. E. Groom, N. V. Mokhov, and S. Striganov, Atomic Data and Nuclear Data Tables **78** (2001) 183.

[3] B. Patterson, Rev. Mod. Phys. **60** (1988) 69.

[4] D. G. Eshchenko, V. G. Storchak, J. H. Brewer, and R. L. Lichti, Phys. Rev. Lett. **89**, 226601 (2002).

[5] E. Morenzoni, T. Prokscha, A. Suter, H. Luetkens, and R. Khasanov, J. Phys.: Condens. Matter **16** (2004) S4583.

[6] K. M. Kojima, Y. Krockenberger, I. Yamauchi,, M. Miyazaki, M. Hiraishi, A. Koda, R. Kadono, R. Kumai, H. Yamamoto, Phys. Rev. B **89** (2014) 087203(R).

[7] M. Camani, F. N. Gygax, W. Rüegg, A. Schenck, and H. Schilling, Phys. Rev. Lett. **39** (1977) 836.

[8] C. P. Flyn and A. M. Stoneham, Phys. Rev. B **1** (1970) 3966.

[9] R. Kadono, Appl. Magn. Reson. **13** (1997) 37. なお，より広範な総説としては，例えば V. G. Storchak and N. V. Prokof'ev, Rev. Mod. Phys. **70** (1998) 929 などを参照.

[10] R. Kadono, W. Higemoto, K. Nagamine, and F. L. Pratt, Phys. Rev. Lett. **83** (1999) 987.

[11] J. Kondo, Physica **125B** (1984) 279; J. Kondo, *ibid.* **126B** (1984) 377.

[12] K. Yamada, Prog. Theor. Phys. **72** (1984)195.

[13] R. Kadono, R. F. Kiefl, J. A. Chakhalian, S. R. Dunsiger, B. Hitti, W. A. MacFarlane, J. Major, L. Schimmele, M. Matsumoto, and Y. Ohashi, Phys. Rev. Lett. **79** (1997) 107.

[14] 総説としては，例えば R. F. Kiefl and T. L. Estle, in *Hydrogen in Semiconductors*, eds. J. I. Pankove and N. M. Johnson (Academic, San Diego,

1991) などを参照.

[15] T. Miyake, T. Ogitsu, and S. Tsuneyuki, Phys. Rev. Lett. **81** (1998) 1873.

[16] B. D. Patterson, Rev. Mod. Phys. **60** (1988) 69.

[17] R. Kadono, A. Matsushita, K. Nagamine, K. Nishiyama, K. H. Chow, R. F. Kiefl, A. MacFarlane, D. Schumann, S. Fujii, and S. Tanigawa, Phys. Rev. B **50** (1994) 1999(R).

[18] Hp. Baumeler, R. F. Kiefl, H. Keller, W. Kündig, W. Odermatt, B. D. Patterson, J. W. Schneider, T. L. Estle, S. P. Rudaz, D. P. Spencer, K. W. Blazey, and I. M. Savic, Hyperfine Interact. **32** (1986) 659.

[19] ミュオニウムと比較しての総説としては，例えば J.-M. Spaeth, Hyperfine Interact. **32** (1986) 641.

[20] 総説としては，例えば S. F. J. Cox, J. L. Gavartin, J. S. Lord, S. P. Cottrell, J. M. Gil, H. V. Alberto, J. Piroto Duarte, R. C. Vilão, N. Ayres de Campos, D. J. Keeble, E. A. Davis, M. Charlton and D. P. van der Werf, J. Phys.: Condens. Matter **18** (2006) 1079.

[21] Ç. Kiliç and A. Zunger, Appl. Phys. Lett. **81** (2002) 73.

[22] W. Schmickler and J. W. Schultze, in *Modern Aspects of Electrochemistry* Vol. 17 (Springer, 1986) pp.357-410.

[23] C. G. Van de Walle and J. Neugebauer, Nature **423** (2003) 626.

[24] S. Yunoki, A. Moreo, E. Dagotto, S. Okamoto, S. S. Kancharla, and A. Fujimori, Phys. Rev. B **76** (2007) 064532.

[25] J. H. Brewer, S. R. Kreitzman, D. R. Noakes, E. J. Ansaldo, D. R. Harshman, and R. Keitel, Phys. Rev. B **33** (1986) 7813.

[26] R. Kadono, K. Shimomura, K. H. Satoh, S. Takeshita, A. Koda, K. Nishiyama, E. Akiba, R. M. Ayabe, M. Kuba, and C. M. Jensen, Phys. Rev. Lett. **100** (2008) 026401.

[27] J. Sugiyama, Y. Ikedo, T. Noritake, O. Ofer, T. Goko, M. Månsson, K. Miwa, E. J. Ansaldo, J. H. Brewer, K. H. Chow, and S. Towata, Phys. Rev. B **81** (2010) 092103.

[28] C. G. Van de Walle, A. Peles, A. Janotti, and G. B. Wilson-Short, Physica B **404** (2009) 793.

[29] E. Roduner, P. W. Percival, D. G. Fleming, J. Hochmann, and H. Fischer, Chem. Phys. Lett. **57** (1978) 37.

[30] K. Nagamine, K. Ishida, T. Matsuzaki, K. Nishiyama, Y. Kuno, T. Yamazaki, and H. Shirakawa, Phys. Rev. Lett. **53** (1984) 1763.

[31] W. P. Su, J. R. Schrieffer, and A. J. Heeger, Phys. Rev. Lett. **42** (1979) 1698.

[32] 西田信彦,「物性測定の進歩 I–NMR, μSR, STM」第 2 章（1997, 丸善）.

[33] N. Nishida, H. Miyatake, D. Shimada, S. Okuma, M. Ishikawa, T. Takabatake, Y. Nakazawa, Y. Kuno, R. Keitel, J. H. Brewer, T. M. Riseman, D. Ll. Williams, Y. Watanabe, T. Yamazaki, K. Nishiyama, K. Nagamine, E. J. Ansaldo, and E. Torikai, Jpn. J. App. Phys. **26** (1987) L1856.

[34] R. S. Hayano, Y. J. Uemura, J. Imazato, N. Nishida, T. Yamazaki, and R. Kubo, Phys. Rev. B**20** (1979) 850.

[35] Y. J. Uemura, T. Yamazaki, R. S. Hayano, R. Nakai, and C. Y. Huang, Phys. Rev. Lett. **45** (1980) 583.

[36] K. W. Kehr, G. Honig, and D. Richter, Z. Phys. B **32** (1978) 49.

[37] 例えば, E. Roduner and H. Fischer, Chim. Phys. **54** (1981) 261 を参照.

[38] R. Kadono, J. Imazato, T. Matsuzaki, K. Nishiyama, K. Nagamine, T. Yamazaki, D. Richter, and J.-M. Welter, Phys. Rev. B **39** (1989) 23.

[39] J. Sugiyama, K. Mukai, Y. Ikedo, H. Nozaki, M. Månsson, and I. Watanabe, Phys. Rev. Lett. **103** (2009) 147601.

[40] R. Kubo, and K. Tomita, J. Phys. Soc. Jpn. **9** (1954) 888.

[41] 以下, 例えば, C. P. Slichter, *Principles of Magnetic Resonance*, (Harper & Row, New York, 1963) を参照.

[42] W. Higemoto, S. R. Saha, A. Koda, K. Ohishi, R. Kadono, Y. Aoki, H. Sugawara, and H. Sato, Phys. Rev. B **75** (2007) 020510(R).

[43] J. R. Clem, J. Low Temp. Phys. **18** (1975) 427.

[44] Z. Hao, J. R. Clem, M. W. McElfresh, L. Civale, A. P. Malozemoff, and F. Holtzberg, Phys. Rev. B **43** (1991) 2844.

[45] A. Yaouanc, P. Dalmas de Réotier, and E. H. Brandt, Phys. Rev. B **55** (1997) 11107.

[46] E. H. Brandt, Phys. Rev. B **37** (1988) 2349.

[47] R. Kadono, S. Kuroiwa, J. Akimitsu, A. Koda, K. Ohishi, W. Higemoto, and S. Otani, Phys. Rev. B **76** (2007) 094501.

[48] R. Kadono, R.M. Macrae, K. Nagamine, and K. Nishiyama, Hyperfine

Interact. **105** (1997) 303.

[49] J. H. Brewer, K. M. Crowe, F. N. Gygax, R. F. Johnson, B. D. Patterson, D. G. Fleming, and A. Schenck, Phys. Rev. Lett. **31** (1973) 143.

[50] R. F. Kiefl, E. Holzschuh, H. Keller, H. Kündig, P. F. Meier, B. D. Patterson, J. W. Schneider, K. W. Blazey, S. L. Rudaz, and A. B. Benison, Phys. Rev. Lett. **53** (1984) 90.

[51] K. Shimomura, R. Kadono, K. Ohishi, M. Mizuta, M. Saito, K. H. Chow, B. Hitti, and R. L. Lichti, Phys. Rev. Lett. **92** (2004) 135505.

[52] R. F. Kiefl, W. Odermatt, Hp. Baumeler, J. Felber, H. Keller, W. Kündig, P. F. Meier, B. D. Patterson, J. W. Schneider, K. W. Blazey, T. L. Estle, and C. Schwab, Phys. Rev. B **34** (1986) 1474.

[53] R. F. Kiefl, S. Kreitzman, M. Celio, R. Keitel, G. M. Luke, J. H. Brewer, D. R. Noakes, P. W. Percival, T. Matsuzaki, and K. Nishiyama, Phys. Rev. A **34** (1986) 681.

[54] R. F. Kiefl, M. Celio, T. L. Estle, G. M. Luke, S. R. Kreitzman, J. H. Brewer, D. R. Noakes, E. J. Ansaldo, and K. Nishiyama, Phys. Rev. Lett. **58** (1987) 1780.

[55] Y. Kamihara, T. Watanabe, M. Hirano, and H. Hosono, J. Am. Chem. Soc. **130** (2008) 3296.

[56] Z. A. Ren, W. Lu, J. Yang, W. Yi, X. L. Shen, Z. C. Li, G. C. Che, X. L. Dong, L. L. Sun, F. Zhou, and Z. X. Zhao, Chin. Phys. Lett. **25** (2008) 2215.

[57] 例えば，Y. J. Uemura: Nature Mater. **8** (2009) 253.

[58] S. Matsuishi, Y. Inoue, T. Nomura, H. Yanagi, M. Hirano, and H. Hosono, J. Am. Chem. Soc. **130** (2008)14428.

[59] A. Kawabata, S. C. Lee, T. Moyoshi, Y. Kobayashi, and M. Sato, J. Phys. Soc. Jpn. **77** (2008) 103704.

[60] N. Ni, M. E. Tillman, J.-Q. Yan, A. Kracher, S. T. Hannahs, S. L. Bud'ko, and P. C. Canfield, Phys. Rev. B **78**, 214515 (2008).

[61] S. Takeshita, R. Kadono, M. Hiraishi, M. Miyazaki, A. Koda, S. Matsuishi, and H. Hosono, Phys. Rev. Lett. **103** (2009) 027002.

[62] E. B. Sonin and I. Felner, Phys. Rev. B **57** (1998) R14000.

[63] H. Wadachi, I. Elfimov, and G. A. Sawatzky, Phys. Rev. Lett. **105** (2010)

157004.

[64] K. Kuroki, H. Usui, S. Onari, R. Arita, and H. Aoki, Phys. Rev. Lett. **101** (2008) 087004.

[65] H. Kontani and S. Onari, Phys. Rev. Lett. **104** (2010) 157001.

[66] K. Kuroki, H. Usui, S. Onari, R. Arita, and H. Aoki, Phys. Rev. Lett. **102** (2009) 109922.

[67] S. Iimura, S. Matsuishi, H. Sato, T. Hanna, Y. Muraba, S. W. Kim, J. E. Kim, M. Takata, and H. Hosono: Nature Commun. **3** (2012) 943.

[68] M. Hiraishi, S. Iimura, K. M. Kojima, J. Yamaura, H. Hiraka, K. Ikeda, P. Miao, Y. Ishikawa, S. Torii, M. Miyazaki, I. Yamauchi, A. Koda, K. Ishii, M. Yoshida,J. Mizuki, R. Kadono,R. Kumai, T. Kamiyama,T. Otomo, Y. Murakami, S. Matsuishi, and H. Hosono, Nature Phys. **10** (2014) 300.

[69] N. Fujiwara, S. Tsutsumi, S. Iimura, S. Matsuishi, H. Hosono, Y. Yamakawa, and H. Kontani, Phys. Rev. Lett. **111** (2013) 097002.

[70] H. Luetkens, H.-H. Klauss, M. Kraken, F. J. Litterst, T. Dellmann, R. Klingeler, C. Hess, R. Khasanov, A. Amato, C. Baines, M. Kosmala, O. J. Schumann, M. Braden, J. Hamann-Borrero, N. Leps, A. Kondrat, G. Behr, J. Werner, and B. Büchner, Nature Mater. **8** (2009) 305.

[71] 山浦淳一，松石聡，細野秀雄，飯村壮史，平石雅俊，小嶋健児，平賀晴弘，門野良典，村上洋一，固体物理，Vol.50 (2015) 11.

[72] A. A. Aczel, E. Baggio-Saitovitch, S. L. Bud'ko, P. C. Canfield, J. P. Carlo, G. F. Chen, Pengcheng Dai, T. Goko, W. Z. Hu, G. M. Luke, J. L. Luo, N. Ni, D. R. Sanchez-Candela, F. F. Tafti, N. L. Wang, T. J. Williams, W. Yu, and Y. J. Uemura, Phys. Rev. B **78** (2008) 214503.

[73] T. Goko, A. A. Aczel, E. Baggio-Saitovitch, S. L. Bud'ko, P. C. Canfield, J. P. Carlo, G. F. Chen, Pengcheng Dai, A. C. Hamann, W. Z. Hu, H. Kageyama, G. M. Luke, J. L. Luo, B. Nachumi, N. Ni5, D. Reznik, D. R. Sanchez-Candela, A. T. Savici, K. J. Sikes, N. L. Wang, C. R. Wiebe, T. J. Williams, T. Yamamoto, W. Yu, and Y. J. Uemura, Phys. Rev. B **80** (2009) 024508.

[74] J. T. Park, D. S. Inosov, Ch. Niedermayer, G. L. Sun, D. Haug, N. B. Christensen, R. Dinnebier, A. V. Boris, A. J. Drew, L. Schulz, T. Shapoval, U. Wolff, V. Neu, Xiaoping Yang, C. T. Lin, B. Keimer, and V.

Hinkov, Phys. Rev. Lett. **102** (2009) 117006.

[75] M.-H. Julien, H. Mayaffre, M. Horvatić, C. Berthier, X. D. Zhang, W. Wu, G. F. Chen, N. L. Wang and J. L. Luo, Europhys. Lett. **87** (2009) 37001.

[76] H.Chen, Y.Ren, Y.Qiu, W.Bao, R.H.Liu, G.Wu, T.Wu, Y.L.Xie, X. F. Wang, Q. Huang, and X. H. Chen, Europhys. Lett. **85**, 17006 (2009).

[77] M. Rotter, M. Tegel, I. Schellenberg, F. M. Schappacher, R. Pöttgen, J. Deisenhofer, A. Günther, F. Schrettle, A. Loidl, and D. Johrendt, New J. Phys. **11**, 025014 (2009).

[78] E. Wiesenmayer, H. Luetkens, G. Pascua, R. Khasanov, A. Amato, H. Potts, B. Banusch, H.-H. Klauss, and D. Johrendt, Phys. Rev. Lett. **107**, 237001 (2011).

[79] D. K. Pratt, W. Tian, A. Kreyssig, J. L. Zarestky, S. Nandi, N. Ni, S. L. Bud'ko, P. C. Canfield, A. I. Goldman, and R. J. McQueeney, Phys. Rev. Lett. **103**, 087001 (2009).

[80] S. Takeshita, R. Kadono, M. Hiraishi, M. Miyazaki, A. Koda, Y. Kamihara, and H. Hosono, J. Phys. Soc. Jpn. **77** (2008) 103703.

[81] M. Hiraishi, R. Kadono, M. Miyazaki, I. Yamauchi, A. Koda, K. M. Kojima, M. Ishikado, S. Wakimoto, and S. Shamoto, J. Phys. Soc. Jpn. **83** (2014) 103707.

[82] P. W. Anderson, Science **177** (1972) 393.

[83] P. A. M. Dirac, Proc. Roy. Soc. (London), A**123** (1929) 714.

索　引

英数字

$\frac{\pi}{2}$ パルス …… 34
π パルス …… 36
2 次モーメント …… 93, 104
2 スピン系 …… 91
2 体崩壊 …… 11
3 スピン系 …… 91
4 次元運動量 …… 40
4 次元座標 …… 39
BCS 理論 …… 118
D 体 …… 16
g 因子 …… 24
L 体 …… 16
missing fraction …… 129
n 型伝導 …… 69
OH 結合 …… 61

あ

浅いドナー準位 …… 68
アルカリハライド …… 70
イオン化反応 …… 26
位相緩和 …… 33
インフレーション …… 160
ヴァン・ホーヴ Van Hove 特異点 …… 122
ウィークボゾン …… 8
渦糸格子 …… 113
宇宙線 …… 10
永久電流 …… 110
エーテル …… 39
円偏光 …… 16
オズマ問題 …… 13

か

階層構造 …… 162
カイラリティ …… 14
化学シフト …… 4
核磁気共鳴 …… 34
核超微細相互作用 …… 79, 133
核二重共鳴 …… 70
核破砕反応 …… 43
加速器 …… 6
下部臨界磁場 …… 112
換算質量 …… 60
慣性系 …… 38
完全反磁性 …… 110
基本粒子 …… 7
凝集系 …… 163
強衝突モデル …… 86
局在電子スピン …… 104
局所帯磁率 …… 108
ギンズブルグ-ランダウのコヒーレンス長 …… 117
ギンズブルグ-ランダウのパラメーター …… 117
ギンズブルグ-ランダウ理論 …… 115
金属-水素系 …… 62
空間反転 …… 17
クォーク …… 8
クォーク・グルーオン・プラズマ …… 160
クーパー対 …… 112
首振り運動 …… 24
久保-富田 (Kubo-Tomita) 理論 …… 99
久保-鳥谷部 (Kubo-Toyabe) 関数 …… 93
グルーオン …… 8
計数率 …… 28
結合中心 (bond center) サイト …… 68
元素半導体 …… 68
格子欠陥 …… 3

光速度 c ……26
光電子増倍管 ……27
後方ミュオン ……50
コヒーレンス長……110
固有時間 ……40
孤立水素 ……4
混合状態 ……112

さ

サイクロトロン……44
歳差運動 ……23
最小イオン化 ……27
時間スペクトル……6
時間分解能……30
磁気回転比……23
磁気共鳴法……34
磁気双極子相互作用……89
磁気双極子モーメント ……5
磁気秩序状態 ……84
磁気モーメント……22
試験電荷 ……59
自己相関関数 ……88
磁性相体積分率……154
磁束格子 ……113
磁束（渦糸）格子状態 ……110
磁束の量子化 ……112
磁束量子 ……112
磁場侵入長……110
島状超伝導……143
四面体中心……62
酒石酸……16
準位交差 ……127
準位交差共鳴 ……135
準位交差共鳴緩和 ……89
準粒子励起……118
常磁性状態……71
上部臨界磁場 ……123
シンクロトロン……45
シンチレーション発光 ……27
水晶 (SiO_2) ……71
水素化物 ……75
水素吸蔵合金 ……2
水素結合 ……74
水素脆性 ……2
水素不純物準位……71
スピンエコー ……34
スピングラス ……88
スピン偏極……5
スピンローテーター……50
スモール・ポーラロン ……63
制動輻射 ……27
生成標的 ……43
旋光性……16
世代構造 ……10
摂動磁場 ……34
ゼーマン相互作用 ……37, 82
ゼロ（縦）磁場……32
零点振動 ……60
前方ミュオン ……50
相対性原理……39
相対性理論……11
創発性……162
相分離……147
阻止能……28

た

第 1 種超伝導体……112
第 2 種超伝導体……112
体心立方格子 ……62
縦緩和……33
縦緩和関数……32
多は異なり ……163
中間子工場……44
中性子……6
中性子散乱……103
超低速 (usltra slow) ミュオンビーム ……58
超微細構造……85
超微細相互作用……4, 86
超微細相互作用定数……126
超流体密度……123
直線偏光 ……16
直流ビーム……28
強い相互作用（強い力） ……8
低エネルギーミュオン ……57
ディラック方程式 ……22
電気四重極能率……4
電子スピン共鳴……70

電弱理論 ……9
電弱相互作用 ……9
同位体効果 ……60
統計誤差 ……31
銅酸化物高温超伝導体 ……85
動的先鋭化 ……96
トルク ……23
トンネルマトリックス ……65

な

ニュートリノ ……8
ニュートリノ振動 ……20
ニールス・ボーア ……13
熱浴 ……33

は

パイ中間子 ……17
八面体中心 ……62
ハドロン ……42
パリティ ……5
パルスビーム ……28
反磁性状態 …… 71, 150
バンドオフセット ……71
バンドギャップ ……55
反物質 ……10
反粒子 ……10
非対称度 ……30
非断熱効果 ……67
ヒッグス粒子 ……7
ビッグバン理論 ……159
飛程 ……53
標準理論 ……5
表面ミュオン …… 46, 47
フェルミオン ……7
フェルミ接触相互作用 ……89
フォトン ……8
フォノン介助トンネル効果 ……64
輻射補正 ……21
不純物効果 ……144
不斉合成 ……15
不対電子 ……61
不動態化 ……68
不変質量 ……40
ブライト-ラビ・ダイアグラム ……128
プラスチックシンチレーター ……27
フレーバー ……10
ブロッホ状態 ……67
平均自由行程 …… 55, 112
ベータ線 ……3
ベータ崩壊 ……12
ベーテ-ブロッホの理論 ……53
ヘリシティ ……18
偏向電磁石 ……45
ボーア磁子 ……22
崩壊ミュオン …… 46, 47
放射光エックス線 ……6
放射線 ……25
放射分解生成 ……56
包絡線 ……32
ボゴリューボフ-ドジャン (BdG) 方程式 ……118
ボゾン ……8

ま

ミッシェル・スペクトル ……21
ミッシェル・パラメーター ……21
密度行列 ……90
ミュオニウムの拡散 ……66
ミュオニウムラジカル ……78
ミュオンカウンター ……28
ミュオンサイト ……145
ミュオン・ナイトシフト ……107
面心立方格子 ……62
モット転移 ……141

や

揺らぎの効果 ……104
陽電子 ……10
陽電子検出器 ……30
横緩和関数 ……32
横磁場 ……32
弱い相互作用（弱い力） ……2, 7

ら

ラーモア歳差運動 ……82

粒子選別器 ……………………………… 50
量子拡散 …………………………… 2, 62, 64
量子色力学 ……………………………… 9
レプトン ………………………………… 10
ローレンツ因子 ………………………… 40
ローレンツ変換 ………………………… 41
ロンドン方程式 ………………………… 111
ロンドンモデル ………………………… 112

わ

ワイドギャップ半導体 ………………… 69

著者紹介

門野良典（かどの　りょうすけ）

1982 年　東京大学理学部物理学科卒業
1985 年　東京大学理学系研究科物理学専攻 博士課程中途退学
1985 年　東京大学理学部　助手
1987 年　東京大学　理学博士（論文）
1988 年　TRIUMF（カナダ国立中間子研究所）　博士研究員
1990 年　特殊法人理化学研究所　研究員
1997 年-現在　高エネルギー加速器研究機構(KEK)物質構造科学研究所　教授
1998 年-現在　総合研究大学院大学　教授（併任）
2006 年-現在　筑波大学数理物質系　客員教授（併任）
2016 年-現在　KEK物質構造科学研究所構造物性研究センター長（併任）
専　門　物性物理学，ミュオン実験
趣　味　鍵盤楽器演奏，古楽・美術鑑賞，地ビール，温泉めぐり
受賞歴　1988年　井上研究奨励賞
著　書　「物質科学の基礎」（共著）（共立出版，2012年）
「量子ビーム物質科学」（共著）（共立出版，2013年）

基本法則から読み解く 物理学最前線 10

ミュオンスピン回転法
謎の粒子ミュオンが拓く物質科学

Introduction to Muon Spin Rotation —Materials Science Explored by an Enigmatic Particle—

2016 年 9 月 15 日　初版 1 刷発行

著　者　門野良典 © 2016
監　修　須藤彰三
　　　　岡　真
発行者　南條光章
発行所　**共立出版株式会社**
東京都文京区小日向 4-6-19
電話　03-3947-2511（代表）
郵便番号　112-0006
振替口座　00110-2-57035
URL http://www.kyoritsu-pub.co.jp/

印　刷
製　本　藤原印刷

検印廃止
NDC 428

ISBN 978-4-320-03530-0

一般社団法人
自然科学書協会
会員

Printed in Japan